COURS D'ARITHMÉTIQUE

A L'USAGE DES JEUNES GENS
QUI SE PRÉPARENT
A L'ENSEIGNEMENT, AU DIPLOME DE FIN D'ÉTUDES
AUX ADMINISTRATIONS
ET AUX ÉCOLES DU GOUVERNEMENT

PAR

EUGÈNE ROYER

Professeur à Notre-Dame, de Rethel

CHARLEVILLE
IMPRIMERIE DE AUGUSTE POUILLARD

1879

COURS D'ARITHMÉTIQUE

à l'usage
des jeunes gens qui se préparent à l'enseignement,
au diplôme de fin d'études, aux administrations et aux Écoles
du gouvernement

par Eugène Royer

professeur à Notre-Dame de Rethel.

Cours d'Arithmétique.

Première leçon

Notions préliminaires. _ Numération

Notions préliminaires.

On appelle *grandeur* ou *quantité*, tout ce qui est susceptible d'augmentation ou de diminution : les lignes, les surfaces, les temps, les poids sont des grandeurs.

Pour se faire une idée d'une quantité on la compare à une autre quantité de même espèce qu'on appelle unité. Je suppose que l'on veuille savoir la longueur d'une table : on prendra une autre longueur connue : le mètre, par exemple que l'on portera bout à bout sur la longueur de la table autant de fois qu'on le pourra ; et si l'on a pu répéter l'opération cinq fois, six fois .... on dira que la table a cinq mètres, six mètres etc.

On appelle unité une grandeur quelconque que l'on prend arbitrairement pour servir de terme de comparaison à toutes les grandeurs de même espèce qu'elle d'où il résulte qu'il y a autant d'unités que d'espèces de grandeurs.

Mesurer une quantité, c'est trouver combien de fois elle en contient une autre de même espèce prise pour unité.

Le nombre est le résultat de la comparaison d'une grandeur quelconque à son unité. La suite des nombres entiers est illimitée, car quelque grand que soit un nombre on peut toujours y ajouter l'unité et en former un nouveau.

Il y a 3 sortes de nombres : le nombre entier, la fraction, et le nombre fractionnaire.

Le nombre entier est celui qui renferme une ou plusieurs unités sans parties d'unités : Ex : quatre mètres.

La fraction est un nombre plus petit que l'unité : si on divise l'unité en plusieurs parties égales, et que l'on prenne une ou plusieurs de ces parties, on aura une fraction.

Le nombre fractionnaire est un nombre composé d'une ou plusieurs unités et d'une fraction : Ex: cinq heures un quart

Les nombres, par rapport à l'unité, se divise en nombres abstraits et en nombres concrets.

On appelle *nombres abstraits* ceux dont la nature de l'unité est indéterminée : Ex: vingt, trente.

On appelle nombres concrets ceux dont la nature de l'unité est déterminée Ex: vingt mètres, trente chevaux

Le *nombre complexe* est celui qui renferme des unités et des subdivisions de l'unité pourvu toutefois que ces subdivisions ne soient pas décimales : Ex: quatre toises deux pieds, trois pouces.

Le *nombre incomplexe* est celui qui ne renferme qu'une seule espèce d'unités : Ex: vingt-cinq toises

Le *calcul* est la réunion des procédés que l'on emploie pour augmenter, diminuer, ou combiner les nombres les uns avec les autres.

L'Arithmétique est la science des nombres et du calcul. Elle fait connaître les procédés du calcul et la raison de ces procédés

L'arithmétique comprend outre la théorie de la numération quatre opérations fondamentales : *l'addition, la soustraction, la multiplication et la division*

L'addition et la multiplication servent à composer les nombres, la soustraction et la division servent à les décomposer.

La multiplication est l'abrégé de l'addition & la division l'abrégé de la soustraction.

Numération *

La *Numération* est l'ensemble des conventions faites pour former les nombres, les nommer avec peu de mots & les écrire avec un petit nombre de caractères.

Elle se divise en *numération parlée* dans laquelle on apprend à former & à parler les nombres & en numération écrite dans laquelle on apprend à les écrire.

* *Arithmétique de P. Fraichs*

Numération parlée. L'unité est le premier nombre, on l'a nommée un. On a formé les nombres suivants en ajoutant d'abord l'unité à elle même ce qui a donné le nombre appelé deux, puis une nouvelle unité ajoutée à ce nombre deux a formé le nombre trois, enfin, par l'addition successive d'une unité au nombre précédent, on a formé les nombres quatre, cinq, six, sept, huit, neuf, dix, auxquels on a donné les noms particuliers par lesquels nous venons de les désigner.

Ces nombres, on le voit, surpassent chacun d'une unité celui qui le précède immédiatement.

Mais il était impossible de procéder de même pour les nombres suivants car il aurait fallu donner à chaque nouveau nombre des noms particuliers et la multitude de ces noms aurait bientôt tellement surchargé la mémoire qu'il eût été impossible de se souvenir du nom de telle ou telle collection d'unités, ou encore de la quantité d'unités correspondant à tel ou tel nom. De plus la série des nombres étant infinie, on ne pouvait songer à inventer une infinité de noms.

Pour éviter ce triple inconvénient, on a fait du nombre dix une nouvelle unité appelée dizaine ou unité du deuxième ordre, et en ajoutant cette unité à elle même, comme on a fait pour la première unité, on a formé neuf nouveaux nombres qui:

Une dizaine	nommée	dix
Deux dizaines	—	vingt
Trois dizaines	—	trente
Quatre dizaines	—	quarante
Cinq dizaines	—	cinquante
Six dizaines	—	soixante
Sept dizaines	—	soixante-dix
Huit dizaines	—	quatre-vingts
Neuf dizaines	—	quatre-vingt-dix

Ces nombres, on le voit, sont tels que chacun d'eux surpasse le précédent d'une dizaine ou de dix unités simples. Pour arriver à avoir des nombres qui comme les dix premiers formés, ne différassent entre eux que d'une unité, entre chacun de ces nombres du second ordre c-à-d. entre dix et vingt, vingt et trente, trente et quarante etc. on a intercalé les neuf premiers nombres.

Les noms de ces nombres nouveaux se sont aisément formés en ajoutant au nom du nombre du second ordre le nom du nombre du premier ordre que l'on y adjoint. — On a ainsi formé

Une dizaine & un,	nommé	dix-un, que l'usage a fait nommer	onze
Une dizaine & deux	—	dix-deux "	douze
Une dizaine & trois	—	dix-trois "	treize
Une dizaine & quatre	—	dix-quatre "	quatorze
Une dizaine & cinq	—	dix-cinq "	quinze
Une dizaine & six	—	dix-six "	seize
Une dizaine & sept	—	dix-sept	qui ont conservé leur nom régulier.
Une dizaine & huit	—	dix-huit	
Une dizaine & neuf	—	dix-neuf	
Deux dizaines	—	vingt	
Deux dizaines & un	—	vingt & un	
Deux dizaines & deux	—	vingt-deux	
Etc.		etc.	
Trois dizaines	—	trente	
Trois dizaines & un	—	trente & un	
Etc.		etc.	
Etc.		etc.	
Neuf dizaines & neuf	—	quatre-vingt-dix-neuf	

Continuant la même marche, du nombre immédiatement suivant, dix dizaines ou cent, on a fait une nouvelle unité appelée centaine, ou unité *du troisième ordre*, dont on a formé, en l'ajoutant à elle-même, des nombres nouveaux, savoir :

Une centaine, nommée	cent
Deux centaines	deux cents
Trois centaines	trois cents
Etc.	
Neuf centaines	neuf cents

Chacun de ces nombres diffère du précédent d'une unité du 3e ordre ou de cent unités simples ; pour avoir des nombres qui ne diffèrent chacun de celui qui le précède que d'une seule unité simple, entre chacun de ces nombres du 3e ordre, c-à-d. entre cent & deux cents, deux cents et trois cents &c, on a intercalé les quatre-vingt-dix-neuf nombres précédents ; ce qui, en définitive, donne une série de neuf cent quatre-vingt-dix-neuf nombres successifs.

De même, arrivé à dix centaines, on a fait une nouvelle unité appelée mille ou unité du quatrième ordre par laquelle on a formé les nombres mille, deux mille, trois mille, etc. neuf mille, entre lesquels on a intercalé toute la série précédente.

De dix unités de mille on a fait l'unité du cinquième ordre, appelée dizaine de mille; de dix dizaines de mille, l'unité du sixième ordre ou centaine de mille; de dix centaines de mille, l'unité du septième ordre ou million, et ainsi de suite, en intercalant toujours entre deux nombres consécutifs de ces unités toute la série précédente.

Quant aux noms à donner à ces nombres, sauf un nom nouveau à trouver pour chaque espèce d'unité, les noms des autres se forment en combinant les noms des diverses unités qui les constituent, de manière à faire connaître le nombre et l'espèce de chacune de ces unités.

Ainsi, supposons un nombre formé de:

Huit unités du 7e ordre,
Cinq unités du 6e
Trois unités du 5e
Neuf unités du 2e

Le nom de ce nombre sera en nommant successivement chaque unité et commençant par la plus grande:

Huit millions, cinq cent trente mille, quatre-vingt-dix unités.

De même que les unités des trois premiers ordres sont: unité simple, dizaine, centaine; les unités des 3 ordres suivants sont: unité de mille, dizaine de mille, centaine de mille; celles des 3 ordres suivants: unité de million, dizaine de million, centaine de million. C'est-à-d. que les mille, million, &c. sont des unités pour lesquelles on suit identiquement la même marche que pour l'unité simple. De sorte que celui qui saura compter par unités simples, saura de même compter par mille, par millions &c.

Cette particularité qui simplifie la nomenclature et aide la mémoire, a fait désigner ces unités par le nom d'unités d'ordre ternaire, car c'est de trois en trois unités qu'elles se rencontrent.

On nomme base d'un système de numération, le nombre d'unités nécessaires pour former une unité de l'ordre immédiatement supérieur.

Dans notre système de numération, toute unité vaut dix fois l'unité précédente; de là vient le nom de système décimal par lequel on le désigne.

Numération écrite. — Pour écrire des nombres, on ne pouvait songer à donner à chacun d'eux un signe ou caractère particulier, il en eût fallu une infinité que la mémoire la mieux exercée n'eût pu retenir.

La remarque suivante permet de lever cette difficulté.

Il est facile de reconnaître que dans chaque ordre d'unités il n'y a que neuf nombres.

Pour les unités simples un, deux, trois ... neuf

Pour les dizaines : dix, vingt, trente ... quatre-vingt-dix

Pour les centaines cent, deux cents, trois cents ... neuf cents

Pour les mille, mille, deux mille, trois mille ... neuf mille

Donc neuf signes ou caractères particuliers suffisent pour les représenter. Ces caractères sont

1, 2, 3, 4, 5, 6, 7, 8, 9

Il ne reste plus qu'à trouver un moyen qui permette de reconnaître quel ordre d'unités représente un chiffre écrit ; autrement dit qui fasse savoir si le chiffre 7, par exemple, représente 7 unités simples, ou 7 centaines, ou 7 mille. On y est parvenu en convenant que les unités de chaque ordre s'écrivent à partir de la droite à un rang marqué par leur numéro d'ordre. C.-à-d. les unités simples ou du premier ordre au premier rang ; les dizaines ou unités du 2e ordre au deuxième rang, les centaines ou unités du 3e ordre au troisième rang, et ainsi de suite.

Pour marquer ce rang, quand on veut écrire une unité d'un certain ordre toute seule, on a recours à un dixième caractère, le zéro, (0) qui n'a aucune valeur par lui-même, il sert à tenir la place des unités absentes.

D'après ce qui précède, pour écrire par exemple sept centaines, on écrira 700, plaçant 7 au 3e rang, parce que les centaines sont des unités du 3e ordre, et mettant deux zéros pour tenir la place des dizaines et des unités, des deux ordres précédents.

Pour écrire cinq mille huit cent six, on écrira 5806, mettant 5 au 4e rang, les mille étant du 4e ordre, 8 au 3e, les centaines étant du 3e, écrivant zéro puisqu'il n'y a pas de dizaines et enfin 6 au premier rang.

Il suit de là que tout chiffre placé à la gauche d'un autre exprime des unités dix fois plus fortes que celui-ci, car il représente des unités de l'ordre immédiatement supérieur.

On voit que tout chiffre a désormais deux valeurs : l'une, la valeur absolue, qui est celle qu'il exprime lorsqu'il est considéré seul ; l'autre, la valeur relative, qui est celle qu'il acquiert suivant le rang qu'il occupe.

Ainsi dans le nombre 300, 3 a pour valeur absolue 3 unités simples, et pour valeur relative 3 centaines, ou trois cents unités simples.

Règle – Pour lire un nombre écrit en chiffres on le sépare d'abord en allant de droite à gauche en tranches de trois chiffres (la première à gauche peut en avoir moins de trois), on remarque ensuite que la première tranche représente la classe des unités simples, la 2e celle des mille etc., puis on lit en commençant par la gauche, chaque tranche séparément comme si elle était seule, en lui donnant le nom de la classe qu'elle représente.

Règle – Pour écrire un nombre dicté en langage ordinaire, on écrit successivement en allant de gauche à droite, les centaines, les dizaines et les unités de chaque classe, en commençant par celle des plus hautes unités. Une classe quelconque est représentée par une tranche de trois chiffres excepté celle des unités les plus élevées qui peut n'avoir qu'un ou deux chiffres. S'il manque des unités des divers ordres, on fait tenir la place de chaque ordre manquant par un zéro.

Deuxième Leçon.

Définitions – Addition – Soustraction

Définitions. Dans chacune des opérations de l'arithmétique on considère 1° la définition, 2° la règle générale, 3° l'exemple, 4° la démonstration, 5° l'usage, 6° la preuve.

La définition détermine la nature et le but de l'opération.

La règle expose les moyens les plus simples à l'aide desquels on doit obtenir le résultat que l'on cherche.

L'exemple est l'application de la règle.

La démonstration est un raisonnement qui tend à prouver qu'en employant les moyens indiqués par la règle, on doit arriver au but proposé.

L'usage est l'énumération des cas dans lesquels on doit employer l'opération.

La preuve est une seconde opération que l'on fait pour s'assurer de l'exactitude de la première. La preuve ne donne jamais la certitude que l'opération est exacte, car on peut se tromper aussi bien dans la preuve que dans l'opération. D'un autre côté les erreurs commises dans l'opération peuvent être compensées par d'autres erreurs faites dans la preuve, en sorte que dans ce cas, le résultat paraît exact et ne l'est pas réellement.

On appelle problème de calcul l'énoncé d'une question dans laquelle on se propose de déterminer un ou plusieurs nombres inconnus à l'aide d'autres nombres donnés. — On entend par résoudre un problème, déterminer le nombre ou les nombres inconnus au moyen de nombres connus.

Un théorème est une proposition qui ne devient évidente qu'après une démonstration. — Un axiome est une proposition évidente par elle-même.

Addition.

L'addition est une opération qui a pour but de réunir plusieurs nombres de la même espèce en un seul que l'on appelle somme ou total.

L'addition s'indique par le signe +. Le signe de l'égalité est =

On distingue deux cas.

1er Cas. — Ajouter deux nombres d'un seul chiffre ou un nombre de plusieurs chiffres à un nombre d'un seul.

1° Soit à additionner les nombres 7 et 5. On parviendra sûrement et facilement au résultat en ajoutant une à une toutes les unités du plus petit nombre à celles du plus grand. — On dira 7 et 1 font 8 ; 8 et 1 font 9 ; 9 et 1 font 10 ; 10 et 1 font 11. 11 et 1 font 12. La somme demandée est donc 12.

2° Soit à additionner les nombres 52 et 4. On dira : 52 et 1 font 53 53 et 1 font 54 ; 54 et 1 font 55 ; 55 et 1 font 56. La somme cherchée est donc 56.

Nota : On ne saurait trop exercer les commençants à ajouter deux nombres d'un seul chiffre, aussi engageons-nous le maître à faire apprendre par cœur la table suivante qui contient les sommes que donnent les neuf premiers nombres ajoutés deux à deux.

Pour former cette table, on écrit sur une ligne horizontale les neuf premiers chiffres en commençant par 0, et on obtient les autres lignes en ajoutant une unité à chacun des nombres qui composent la ligne précédente.

La somme d'un nombre quelconque de la 1re ligne horizontale

0	1	2	3	4	5	6	7	8	9
1	2	3	4	5	6	7	8	9	10
2	3	4	5	6	7	8	9	10	11
3	4	5	6	7	8	9	10	11	12
4	5	6	7	8	9	10	11	12	13
5	6	7	8	9	10	11	12	13	14
6	7	8	9	10	11	12	13	14	15
7	8	9	10	11	12	13	14	15	16
8	9	10	11	12	13	14	15	16	17
9	10	11	12	13	14	15	16	17	18

et d'un nombre quelconque de la 1re ligne verticale se trouve à la rencontre de la ligne verticale et de la ligne horizontale qui commencent par ces deux nombres.

2e Cas. Ajouter des nombres quelconques.

Soit à additionner les nombres 8376, 4945, 5975. Après avoir disposé ces nombres de manière que les unités soient sous les unités, les dizaines sous les dizaines, etc, je souligne le tout et je dis 6 unités et 5 font 11 unités et 5 font 16 unités. En 16 unités il y a une dizaine et 6 unités, j'écris les unités sous la colonne des unités et je retiens la dizaine pour la joindre à la colonne suivante.

Je dis ensuite 1 dizaine et 7 font 8 etc. En continuant à raisonner ainsi sur chaque colonne, j'obtiens pour résultat 19296 unités. Ce résultat est bien la somme des 3 nombres proposés puisqu'il contient la somme de toutes leurs unités, de toutes leurs dizaines, etc.

Règle générale. Pour faire une addition, on écrit les nombres les uns sous les autres de manière que les unités soient sous les unités, les dizaines sous les dizaines etc, on souligne le tout, puis on fait la somme des chiffres de la 1re colonne à droite, c-à-d. des unités simples. Si cette somme ne surpasse pas 9 on l'écrit telle qu'on l'a trouvée au-dessous du trait et dans la même colonne; si elle surpasse 9, on écrit seulement les unités, et on retient les dizaines pour les ajouter aux dizaines de la colonne suivante. On opère sur cette dernière colonne comme sur la précédente, et ainsi de suite jusqu'à la dernière, au-dessous de laquelle on écrit la somme telle qu'on l'a trouvée.

On commence l'addition par la droite, c-à-d par la colonne des unités simples, parce qu'en opérant ainsi, on peut reporter à la colonne suivante les dizaines produites par l'addition d'une colonne quelconque, avantage qui serait perdu si l'on commençait l'add. par la gauche.

On pourrait cependant faire une addition en commençant par la colonne des plus hautes unités; mais dans ce cas, les retenues nécessiteraient une nouvelle addition.

Quand la somme des chiffres de chaque colonne ne surpasse pas 9, il est indifférent de commencer par la droite ou par la gauche, car alors il n'y a pas de retenues.

Preuve de l'addition. On a l'habitude de faire l'opération en commençant l'addition de chaque colonne de haut en bas ; on peut faire l'epreuve en additionnant chaque colonne de bas en haut. Comme les chiffres de chaque colonne ne sont plus ajoutés dans le même ordre, on ne peut plus commettre les mêmes erreurs, & si l'on trouve dans le total les chiffres obtenus, il est très probable que l'opération est exacte.

Usages de l'addition. L'addition a un très grand nombre d'usages qui sont tous compris dans cet énoncé général. Composer un tout connaissant ses parties. –

Soustraction.

La soustraction est une opération qui a pour but de retrancher d'un nombre les unités comprises dans un autre nombre. Elle a aussi pour but, une somme décomposée en 2 parties et l'une de ces parties étant donnée, de trouver l'autre partie.

Le résultat de la soustraction s'appelle reste, excès ou différence.

La soustraction de même que l'addition se fait sur des nombres abstraits, mais on donne au résultat la dénomination qu'il doit avoir. Il est clair que si 16 – 5 font 11, 16 mètres moins 5 mètres font 11 mètres &c. La soustraction s'indique par le signe –

La théorie de la soustraction repose sur ces 2 principes : 1° On a la différence de deux nombres en retranchant du plus grand toutes les unités du plus petit ; 2° si l'on ajoute ou si l'on retranche la même quantité à 2 nombres leur différence reste la même. Ces 2 principes sont regardés comme évidents.

L'idée la plus simple qui se présente pour faire une soustraction, c'est de retrancher une à une du plus grand nombre toutes les unités du plus petit ; mais ce procédé serait beaucoup trop long, et pour arriver plus facilement au résultat, il faut retenir par cœur la différence des nombres d'un seul chiffre, ce qui est facile car il suffit de trouver dans la mémoire quel nombre il faut ajouter au plus petit pour avoir le plus grand & le résultat est évidemment la différence entre les 2 nombres donnés. –

Ces notions préliminaires et les deux principes cités plus haut servent de base à la soustraction des nombres de plusieurs chiffres.

1er Cas. Les deux nombres donnés sont tels, que chaque chiffre du nombre à soustraire est inférieur au chiffre correspondant du nombre duquel il faut soustraire.

Dans ce cas, l'application du procédé indiqué ne souffre aucune difficulté.

Soit à soustraire 3252 de 7863.

Je place le plus petit nombre sous le plus grand de manière que les unités de même ordre se correspondent, je souligne le tout & je raisonne ainsi en commençant l'opération par la droite. 2 unités ôtées de 3, il reste une unité que j'écris sous les unités; 5 dizaines ôtées de 6 il reste 1 diz. que j'écris sous les diz. &c. J'ai pour résultat 4611.

7863
3252
4611

2e Cas. Les deux nombres donnés sont tels qu'un ou plusieurs chiffres du nombre à soustraire sont supérieurs aux chiffres correspondants du nombre duquel il faut soustraire. — Soit à soustraire 2962 de 5854.

Comme précédemment, je place le plus petit nombre sous le plus grand de manière que les unités de même ordre se correspondent, je souligne le tout & je raisonne ainsi en commençant toujours l'opération par la droite. 2 unités ôtées de 4, il reste 2 unités, je passe ensuite à la colonne des dizaines.

5854
2962
2892

6 dizaines ôtées de 5, cela ne se peut, j'augmente par la pensée le chiffre 5 de 10 dizaines & je dis : 6 diz. ôtées de 15 il reste 9 dizaines que je pose sous la colonne des dizaines. Mais comme j'ai augmenté le nombre supérieur de dix dizaines pour que la différence reste la même, j'augmente aussi le nombre inférieur de 10 dizaines ou d'une centaine & je dis : 1 centaine & 9 font 10, 10 centaines ôtées de 8, cela ne se peut, etc. J'ai pour différence 2 mille 8 centaines 9 dizaines & 2 unités ou 2892 unités. Ce nombre est bien le véritable résultat puisque j'ai fait la différence de toutes les parties des nombres donnés. — On voit que, comme dans l'addition, il est important de commencer l'opération par la droite, à moins cependant que tous les chiffres du nombre inférieur ne soient plus faibles que leurs correspondants dans le nombre supérieur.

Remarque. Lorsqu'en faisant l'opération, on a ajouté 10 unités de son ordre à un chiffre du nombre supérieur, on pourrait diminuer le chiffre immédiatement à gauche d'une unité aussi de son ordre, au lieu d'augmenter le nombre inférieur comme il a été dit.

Règle générale. Pour faire une soustraction, on place le plus petit nombre sous le plus grand de manière que les unités soient sous les unités, les dizaines sous les dizaines, etc, on tire un trait sous le nombre inférieur, et commençant l'opération par la droite, on retranche successivement les unités, dizaines, etc du nombre inférieur des unités dizaines etc du nombre supérieur, on écrit les restes partiels les uns à la suite des autres et l'ensemble de ces restes forme la différence totale. S'il arrive qu'un chiffre du nombre inférieur soit plus fort que son correspond. dans le nombre supérieur, on augmente par la pensée ce dernier chiffre de dix etc! le chiffre du nombre inférieur immédiatement à gauche.

Preuves de la Soustraction 1° Pour faire la preuve de la soustraction on ajoute le plus petit nombre à la différence et si les deux opérations sont exactes, le total est égal au plus grand nombre; 2° on retranche le reste du plus grand nombre et le résultat donne le plus petit.

Usages de la Soustraction. Les usages de la soustraction se résument dans cet énoncé général: Sachant ce qu'était une somme et ce qu'elle est devenue, trouver son augmentation ou sa diminution.

Théorème. Pour retrancher d'un nombre la différence de deux autres il suffit de retrancher le plus grand et d'ajouter le plus petit au résultat. Ex. Soit à retrancher 18 − 6 de 25. Le résultat est 25 − 18 + 6 = 13. En effet en retranchant 18 de 25, on retranche 6 de trop le reste est donc trop petit de 6; donc il faut lui ajouter 6 pour le rendre ce qu'il doit être.

Troisième Leçon

Multiplication. – Principes Relatifs à la Multiplication.

La Multiplication est une opération qui a pour but étant donnés deux nombres, appelés l'un multiplicande, l'autre multiplicateur, d'en déterminer un 3e appelé produit qui soit formé avec le multiplicande comme le multiplicateur est formé avec l'unité. – Lorsque les deux nombres sont entiers leur multiplication revient à prendre le multiplicande autant de fois qu'il y a d'unités dans le multiplicateur. – Le résultat de l'opération se nomme produit.

Explication de quelques signes. Le signe de la multiplication est ×. Pour indiquer une opération sur deux nombres dont l'un ou chacun d'eux est une somme, une différence, ou un produit, ou un quotient non effectué, on met entre parenthèse le nombre (ou les nombres) dont les opérations ne sont pas effectuées. < signifie plus petit. > signifie plus grand. Les nombres à droite des signes =, < > sont les membres de l'égalité ou de l'inégalité.

La Multiplication est l'abrégé de l'addition. Soit à multiplier 35 par 4. Dans ce cas, le multiplicateur se compose de 4 fois l'unité; c.-à-d. de l'unité ajoutée 4 fois à elle-même; le produit se composera donc de 4 fois le multiplicande, c.-à-d. du multiplicande ajouté 4 fois à lui-même ou 35 + 35 + 35 + 35 = 140. Donc, etc.

Le produit est toujours de la nature du multiplicande. En effet, d'après la définition de la multiplication, le produit se compose d'autant de fois le multiplicande qu'il y a d'unités dans le multiplicateur. Donc le multiplicande & le produit désignent des unités de même espèce. Le multiplicateur est toujours abstrait puisqu'il indique combien de fois on doit prendre le multiplicande.

Multiplication d'un nombre d'un seul chiffre par un nombre d'un seul chiffre. -

On pourrait faire la multiplication en procédant par l'addition mais pour plus de rapidité dans les calculs, on apprend par cœur les produits des neuf premiers nombres multipliés deux à deux. Ces produits sont contenus dans la table ci-dessous attribuée à Pythagore.

1	2	3	4	5	6	7	8	9
2	4	6	8	10	12	14	16	18
3	6	9	12	15	18	21	24	27
4	8	12	16	20	24	28	32	36
5	10	15	20	25	30	35	40	45
6	12	18	24	30	36	42	48	54
7	14	21	28	35	42	49	56	63
8	16	24	32	40	48	56	64	72
9	18	27	36	45	54	63	72	81

Pour former cette table, on écrit les neuf premiers nombres sur une ligne horizontale; on forme la seconde ligne horizontale en ajoutant à eux-mêmes les nombres de la 1re ligne; puis on forme ensuite chaque nouvelle ligne horizontale jusqu'à la 9e en ajoutant toujours les nombres de la 1re aux nombres de la dernière formée.

Le produit de deux nombres d'un seul chiffre se trouve à la rencontre de la ligne horizontale & de la ligne verticale qui commencent par ces nombres. Ainsi, pour trouver le produit de 6 par 8, on cherche un de ces nombres dans la 1re colonne horizontale, & l'autre dans la 1re colonne verticale à gauche; le produit de ces 2 nombres se trouve à la rencontre des deux colonnes: il est 48.

La Théorie de la multiplication repose sur ces 2 principes:

1er Principe: On multiplie une somme par un nombre en multipliant chacune de ses parties par ce nombre & en faisant la somme des diverses parties.

2e Principe. Pour multiplier un nombre par un autre, il suffit de le multiplier par chacune des parties de cette autre & de faire la somme des divers produits.

Soit une somme $S = a + b + c$

Je dis que $S \times n = a \times n + b \times n + c \times n$

En effet, $S \times n = S + S + S + S + S$

$$\left.\begin{array}{l} S = a + b + c \\ S = a + b + c \\ S = a + b + c \end{array}\right\} \text{Somme } S \times n = a \times n + b \times n + c \times n$$

C Q F D

2e Principe. Soit N à multiplier par $S = a + b$

Je dis que $N \times S = N \times a + N \times b$

En effet, multiplier N par S ou par $(a+b)$, revient d'après la définition de la multiplication à prendre N autant de fois qu'il y a d'unités dans a, plus autant de fois qu'il y a d'unités dans b et ajouter les 2 produits. On a donc $N \times S = N \times a + N \times b$

C Q F D

Multiplication d'un nombre quelconque par un nombre d'un seul chiffre

Soit à multiplier 825 par 7. On pourrait obtenir le résultat en faisant la somme de 7 nombres égaux à 825, mais il est évident que cela revient à prendre successivement 7 fois les 5 unités du multiplicande, 7 fois les deux dizaines et à faire la somme de tous ces produits.

```
 825
   7
----
5775
```

Après avoir placé le multiplicateur sous le multiplicande comme on le voit ci-contre et souligné le tout, je dis d'abord 7 fois 5 font 35 ou 3 dizaines et 5 unités, je pose 5 sous les unités et je retiens les trois dizaines pour les ajouter au produit des dizaines du multiplicande par 7. Je dis ensuite : 7 fois 2 font 14 et 3 de retenue font 17 dizaines ou 1 centaine et 7 dizaines, je pose 7 au rang des dizaines et je retiens la centaine pour l'ajouter au produit des centaines du multiplicande par 7 ; 7 fois 8 font 56 cent. et 1 de retenue font 57 centaines, je pose 7 et j'avance 5, parce qu'il n'y a plus de chiffres à multiplier dans le multiplicande. Je trouve ainsi pour produit 5775.

Règle. Pour multiplier un nombre quelconque par un nombre d'un seul chiffre, on écrit d'abord le multiplicande et au-dessous le multiplicateur, puis on souligne le tout. On commence ensuite par la droite en multipliant successivement les unités, les dizaines, les centaines, etc., du multiplicande par le chiffre qui sert de multiplicateur, en ayant soin d'ajouter à chaque produit la dixième du produit précédent.

Multiplication d'un nombre entier par l'unité suivie d'un certain nombre de zéros.

Soit 725 à multiplier par 10. Le produit est 7250. En effet, le 5 qui était au rang des unités, exprimera des dizaines; le 2 qui était au rang des dizaines, exprimera des centaines, le 7 passera du rang des centaines au rang des mille. Puisque toutes les parties du nombre 725 expriment des unités 10 fois plus grandes, le nombre 725 sera par conséquent 10 fois plus grand. — C. q. f. d.

Multiplication de deux nombres quelconques.

Soit à multiplier 254 par 378.

D'après la définition de la multiplication il faut répéter 254, 378 fois ou ce qui revient au même 8 fois + 70 fois plus 300 fois et ajouter les produits partiels. Pour répéter 254. 8 fois, j'opère d'après la règle donnée précédemment & j'obtiens pour premier produit partiel 2032. Il faut ensuite répéter 254 70 fois. J'aurai 70 fois 254 en faisant la somme de 70 nombres égaux à 254; mais de ces 70 nombres égaux à 254, je pourrai en faire 10 tranches de chacune 7 nombres; la valeur d'une tranche sera égale à 254 × 7 = 1778 et la valeur de 10 tranches sera 1778 × 10 = 17780.

254 × 7 = 1778

254
254
254
254
254
254
. . .
. . .
. . .

1778 × 10 = 17780

```
   254
   378
 -----
  2032
 17780
 76200
 -----
 96012
```

On voit donc que dans cette seconde opération, on est ramené à multiplier le multiplicande par le chiffre 7 considéré comme exprimant des unités simples, à écrire un zéro à la droite du produit et à placer comme ci-dessus, le résultat 17780, ainsi obtenu, au-dessous du 1er produit partiel. — On prouverait par un raisonnement semblable que pour multiplier 254 par 300, il suffit de multiplier 254 par 3, d'ajouter deux zéros à la droite du produit, & d'écrire le résultat 76200 au-dessous des deux premiers produits. Effectuant ensuite l'addit. de ces 3 produits partiels, on trouve pour le produit total 96012.

D'après notre raisonnement, on voit que le 2e produit partiel sera toujours terminé par un zéro, le troisième par 2 zéros, le quatrième par trois &c. Dans la pratique on pourra donc se dispenser d'écrire ces zéros, pourvu qu'on ait soin de placer le premier chiffre de droite de chacun des produits partiels au rang que lui assigneraient les zéros ; ce rang est d'ailleurs, pour chacun d'eux, le même que celui du chiffre correspondant du multiplicateur.

Remarque. Lorsqu'il se trouve un ou plusieurs zéros entre deux chiffres significatifs du multiplicateur, on avance le produit correspondant au chiffre significatif qui est à gauche de ces zéros, d'autant de rangs plus un vers la gauche, par rapport au produit précédent, qu'il y a de zéros intermédiaires.

Règle générale : Pour multiplier deux nombres quelconques l'un par l'autre, on multiplie d'abord tout le multiplicande par le chiffre des unités du multiplicateur, puis tout le multiplicande par le chiffre des dizaines considéré comme représentant des unités simples, &c. on écrit les divers produits partiels les uns sous les autres de manière que chacun d'eux soit avancé d'un rang vers la gauche par rapport au précédent ; on fait la somme des divers produits & l'on a le produit total. S'il se trouve un ou plusieurs zéros entre deux chiffres significatifs du multiplicateur, on avance vers la gauche le produit du multiplicande par le premier chiffre significatif à gauche de ces zéros, d'autant de rangs plus un qu'il y a de zéros.

Théorème. Le produit de plusieurs facteurs ne change pas dans quelque ordre qu'on effectue la multiplication.

Pour démontrer ce principe, nous allons prouver : 1° que le produit de deux facteurs ne dépend pas de l'ordre des facteurs ; 2° qu'on peut intervertir l'ordre des deux derniers facteurs d'un produit sans altérer la valeur de ce produit ; 3° Qu'on peut intervertir l'ordre de deux facteurs consécutifs quelconques d'un produit sans en altérer la valeur.

1° Je dis, par exemple, que $4 \times 5 = 5 \times 4$. En effet, multiplier 4 par 5, c'est prendre 4, 5 fois. Nous aurons ce produit si nous écrivons le multiplicande 4 décomposé en ses unités sur une même ligne horizontale & que nous add. les unités de cinq lignes semblables.

Multiplier 5 par 4, c'est prendre 5 quatre fois. Dans le tableau ci-dessus, le nombre 5 se trouve décomposé en ses unités dans

1	1	1	1
1	1	1	1
1	1	1	1
1	1	1	1
1	1	1	1

une colonne verticale et comme cette colonne se trouve 4 fois dans le tableau, il résulte que si on fait la somme des unités comprises dans ces quatre colonnes verticales, on aura le produit de 5 par 4.

Ainsi, en faisant la somme des unités par lignes horizontales, on a le produit de 4 par 5; en faisant la somme des unités par lignes verticales, on a le produit de 5 par 4. Or la valeur de la somme de ces unités est évidemment indépendante de l'ordre qu'on a suivi pour les additionner.

Donc $4 \times 5 = 5 \times 4$. C. q. f. d.

2°. Je dis que $2 \times 7 \times 4 \times 3 \times 8 = 2 \times 7 \times 4 \times 8 \times 3$.

En effet, supposons le produit des facteurs 2, 7 et 4 effectué et soit P ce produit; on a:

$$2 \times 7 \times 4 \times 3 \times 8 = P \times 3 \times 8 = (P+P+P) \times 8 = P \times 8 + P \times 8 + P \times 8$$
$$= P \times 8 \times 3$$

Remplaçons P par les facteurs 2, 7 et 4, il vient:

$$2 \times 7 \times 4 \times 3 \times 8 = 2 \times 7 \times 4 \times 8 \times 3$$ C. q. f. d.

3°. Je dis que

$$2 \times 7 \times 4 \times 3 \times 8 \times 5 = 2 \times 7 \times 3 \times 4 \times 8 \times 5.$$

En effet, on a: $2 \times 7 \times 4 \times 3 = 2 \times 7 \times 3 \times 4$

Multipliant de part et d'autre par 8 et ensuite par 5, on aura égalité. On peut donc écrire $2 \times 7 \times 4 \times 3 \times 8 \times 5 = 2 \times 7 \times 3 \times 4 \times 8 \times 5$ c. q. f. d.

Des principes précédents il résulte qu'on peut faire prendre à un facteur quelconque toutes les places possibles, d'où il suit qu'on peut comme on veut intervertir l'ordre des facteurs sans altérer le produit. C. q. f. d.

Théorème. Pour multiplier un nombre par le produit de plusieurs facteurs, il suffit de le multiplier successivement par les facteurs de ce produit.

Soit $36 = 3 \times 6 \times 2$.

Je dis que $24 \times 36 = 24 \times 3 \times 6 \times 2$.

En effet, on a

$$24 \times 36 = 36 \times 24 = 3 \times 6 \times 2 \times 24 = 24 \times 3 \times 6 \times 2$$ C. q. f. d.

Le produit de deux facteurs a au plus autant de chiffres qu'il y en a dans les 2 facteurs réunis et au moins ce même nombre diminué de un.

Soit 4865 à multiplier par 825.

Je dis que le produit aura au plus 7 chiffres et au moins 6.

En effet, on a:

$$4865 \times 825 < 4865 \times 1000 \text{ ou } 4865 \times 825 < 4865000$$
$$\text{et } 4865 \times 825 > 4865 \times 100 \text{ ou } 4865 \times 825 > 486500$$

Ainsi le produit (4865×825) est compris entre 4865000 et 486500 or, tous les nombres compris entre 4865000 et 486500 ont au plus sept chiffres et au moins six. Donc etc.

Multiplication de deux nombres terminés par des zéros.

Soit à multiplier 8500 par 230.

```
  8500
   230
 -----
   255
  170
-------
1955000
```

Je multiplie 85 par 23, et j'obtiens 1955; à la droite de ce nombre j'écris trois zéros, ce qui donne 1955000 qui est le produit des deux nombres proposés. — En effet, en faisant abstraction des deux zéros dans le multiplicande j'ai rendu cent fois plus petit; j'ai donc multiplié un nombre cent fois trop petit, et d'après la définition de la multiplication, le produit est cent fois trop petit, et pour le ramener à sa juste valeur il faut le rendre cent fois plus grand, ce qui se fait en écrivant deux zéros à sa droite. En multipliant par 23, j'ai multiplié par un nombre 10 fois trop petit, le produit est 10 fois trop petit; il faut le rendre dix fois plus grand. — D'où l'on voit que pour faire le produit de deux nombres terminés par des zéros, on supprime les zéros, puis ayant multiplié les nombres, on écrit à la droite du produit autant de zéros qu'on en a supprimé dans l'un et l'autre facteur.

Autre démonstration: On a:

$$8500 \times 230 = 8500 \times 23 \times 10 = 23 \times 10 \times 8500 = 23 \times 10 \times 85 \times 100$$
$$= 85 \times 23 \times 100 \times 10 = 85 \times 23 \times 1000.$$

C. Q. F. D.

On appelle puissance $n^{ième}$ d'un nombre A, le produit de n facteurs égaux à ce nombre. On indique en abrégé cette puissance en écrivant A^n. Le nombre n est le degré ou l'exposant de la puissance.

Pour obtenir le produit de deux ou plusieurs puissances d'un même nombre, il suffit d'écrire ce nombre avec un exposant égal à la somme des exposants des facteurs.

Je dis que $a^3 \times a^2 = a^5$.

En effet,

$a^3 = a \times a \times a$

$a^2 = a \times a$

Produit $a^3 \times a^2 = (a \times a \times a)(a \times a) = a \times a \times a \times a \times a = a^5$ C.Q.F.D.

On élève une puissance d'un nombre à une autre puissance en multipliant son exposant par celui de la nouvelle puissance.

Soit a^3 à élever à la deuxième puissance.

D'après le théorème précédent, on a :

$(a^3)^2 = a^3 \times a^3 = a^6$. C.Q.F.D.

On élève un produit à une puissance en élevant chacun de ses facteurs à cette puissance.

Soit le produit $(2 \times 3 \times 4)$ à élever à la 3e puissance.

On a. $(2 \times 3 \times 4)^3 = (2 \times 3 \times 4)(2 \times 3 \times 4)(2 \times 3 \times 4) = 2 \times 3 \times 4 \times 2 \times 3 \times 4 \times 2 \times 3 \times 4$
$= 2 \times 2 \times 2 \times 3 \times 3 \times 3 \times 4 \times 4 \times 4 = 2^3 \times 3^3 \times 4^3$

C.Q.F.D.

On commence l'opération par la droite des 2 facteurs, afin de retenir les unités d'un ordre supérieur pour les ajouter au produit suivant du multiplicande par le même chiffre du multiplicateur, mais on pourrait cependant trouver le produit en commençant par la droite du multiplicande et par la gauche du multiplicateur, ou par la gauche du multiplicande et par la droite du multiplicateur, ou enfin par la gauche des deux facteurs.

Si dans un produit de deux facteurs on augmente l'un des facteurs de une, deux, trois etc. unités le produit augmentera de une, deux, trois fois l'autre facteur.

Soit à multiplier a par b, le produit est ab, si j'ajoute 1 au multiplicande a, il devient a+1, et si je multiplie ensuite par b, le nouveau produit sera $(a+1)b = ab+b$. De même si j'ajoute 1 au multiplicateur, ce multiplicateur deviendra b+1 et si je multiplie ensuite a par (b+1), le nouveau produit sera évidemment ab+a. C.Q.F.D.

Si les deux facteurs augmentaient du même nombre n le produit ab augmenterait de n fois le multiplicande, plus de n fois le multiplicateur, plus du carré de n.

En effet, si l'on effectue la multiplication de a+n par b+n, on trouvera pour produit $ab + an + bn + n^2$ C.Q.F.D.

Remarque : Lorsque le multiplicande a moins de chiffres que le multiplicateur, il est plus avantageux de prendre le multiplicateur pour multiplicande et réciproquement, mais on doit avoir soin de faire exprimer au produit des unités de même espèce que le véritable multiplicande.

Preuves de la multiplication. 1° Pour vérifier un produit, on fait de nouveau la multiplication en prenant le multiplicande pour le multiplicateur et le multiplicateur pour le multiplicande ; si l'opération est exacte le 2e produit doit être égal au premier.

2° Preuve par 9. Pour faire la preuve par 9 de la multiplication, on cherche les restes successifs de la division par 9 du multiplicande et du multiplicateur, on multiplie ces deux restes entre eux et on divise leur produit par 9 ; le reste que l'on obtient alors doit être le même que celui du produit des nombres proposés par le même diviseur 9.

3° Preuve par 11. Il faut diviser le multiplicande par 11 et écrire le reste, diviser le multiplicateur par 11 et écrire le reste ; multiplier ces deux restes entre eux, diviser leur produit par 11 et écrire le reste. – Diviser par 11 le produit total et écrire le reste. Si l'opération est exacte, ces deux derniers restes doivent être les mêmes. – (Voir plus loin les principes sur lesquels reposent ces preuves.)

Usages de la multiplication. 1°. Rendre un nombre un certain nombres de fois plus grand ; 2° Trouver le prix de plusieurs objets quand on connaît le prix d'un objet ; 3° Déterminer combien d'objets on pourrait avoir pour une somme donnée, sachant combien on en a pour 1 franc ; 4° Trouver le nombre d'unités carrées que contient une surface dont on connaît les dimensions ; 5° Trouver le nombre d'unités cubiques que contient un solide dont on connaît les dimensions ; 6° réduire des unités supérieures en unités inférieures comme des jours en heures, des heures en minutes, etc ....

Quatrième Leçon

Division. – Principes relatifs à la multiplication et à la division.

La Division est une opération qui a pour but étant donnés deux nombres appelés l'un dividende et l'autre diviseur, d'en déterminer un troisième nommé quotient qui multiplié par le diviseur reproduise le dividende. Ou plus simplement : La division est une opération qui a pour but étant donné un produit et l'un de ses facteurs de déterminer l'autre facteur.

On peut encore donner de la division deux autres définitions.

1° La division est une opération qui a pour but departager un nombre donné appelé dividende en autant de parties égales qu'il y a d'unités dans un autre nombre appelé diviseur. Cette définition rentre dans la première. Je suppose en effet qu'on ait à résoudre cette question: Sachant que 5 mètres coûtent 60 francs, on demande le prix du mètre.

Pour obtenir le prix cherché, il faut évidemment partager 60 francs en 5 parties égales. Or ce partage doit se faire en divisant 60 par 5; car si on connaissait le prix du mètre, en le multipliant par 5, on retrouverait 60 f. Le prix du mètre est donc un nombre tel que multiplié par 5, il donne pour produit 60, il est un facteur de 60. Donc....

2° La Division est une opération qui a pour but de trouver combien un nombre appelé dividende contient de fois un autre nombre appelé diviseur. Cette définition rentre également dans la 1ère. Car soit ce problème: Sachant que 1 mètre coûte 12 f., on demande, on demande combien on aurait de mètres pour 60 francs.

Un mètre coûtant 12 fr, autant de fois 12 f seront contenus dans 60 f., autant on aura de mètres pour ce prix. En cherchant combien de fois 60 contient 12, on aura donc le nombre de mètres demandé. Or cette recherche se fait en divisant 60 par 12: Car si l'on connaissait le nombre de mètres demandé, en multipliant 12 fr. par ce nombre on obtiendrait évidemment 60 fr. Le nombre de mètres cherché est donc un facteur de 60. Donc....

Remarque. Les deux derniers points de vue sous lesquels on envisage quelquefois la division, ne conviennent qu'aux nombres entiers, tandis que les deux premiers conviennent à tous les nombres possibles, tant entiers que fractionnaires.

La division s'indique ainsi: 20 : 5 ou $\frac{20}{5}$; lisez 20 divisé par 5

La division est l'abrégé de la Soustraction.

Soit à diviser 42 par 6. Diviser 42 par 6, c'est chercher combien de fois 42 contient 6; or il est clair qu'autant de fois on pourra retrancher successivement 6 de 42, autant de fois 42 contiendra 6. Ce nombre de fois étant le quotient, il suit de là que ce dernier est égal au nombre des soustractions qu'on peut faire jusqu'à ce que le dividende soit épuisé ou jusqu'à ce que le reste soit plus faible que le diviseur.

En général, le dividende ne contient pas le diviseur un nombre exact de fois, ou autrement le dividende n'est pas toujours le produit du diviseur par les nombres 1, 2, 3, 4, etc; dans ce cas, le dividende contient d'abord le diviseur un certain nombre de fois, mais il reste une partie du dividende moindre que le diviseur qu'on appelle reste de la division. Ex: Soit à diviser 35 par 8, ou pour rendre cet exemple plus intelligible, soient 35 pommes à partager entre 8 personnes. Si j'effectue la division je trouve que chaque personne a d'abord 4 pommes & qu'il reste 3 pommes à partager. Alors, je raisonne ainsi: s'il ne restait qu'une pomme à partager entre 8 personnes, chaque personne aurait la 8ème partie ou le huitième d'une pomme, et s'il restait deux pommes, chaque personne aurait les deux huitièmes, & ainsi de suite; donc puisqu'il reste 3 pommes, chaque personne aura les trois huitièmes d'une pomme, en tout 4 pommes trois huitièmes. Ce raisonnement prouve aussi que les trois huitièmes d'une unité & le huitième de trois unités sont des expressions qui désignent la même valeur. En général, la $n^{ième}$ partie de a unités est égale aux $\frac{a}{n^{ième}}$ d'une unité.

Ces expressions, un huitième, trois huitièmes sont appelées fractions. On entend donc par fraction ordinaire, une ou plusieurs parties de l'unité divisée en parties égales. Une fraction ordinaire renferme deux nombres appelés l'un numérateur, l'autre dénominateur. Le numérateur indique combien on prend de parties de l'unité & le dénominateur en combien de parties égales l'unité a été divisée. Pour écrire une fraction ordinaire, on écrit d'abord le numérateur puis au-dessous le dénominateur et on a soin de séparer ces deux nombres par un trait horizontal.

Pour énoncer une fraction, on lit d'abord le numérateur, ensuite le dénominateur, en ajoutant à ce dénominateur la terminaison ième, mais on excepte de cette règle les fractions qui ont pour dénominateur 2. 3. & 4 que l'on énonce demi, tiers & quart.

On peut conclure de ce qui précède: 1°. que la division conduit naturellement aux fractions ordinaires; 2°. que lorsque la division donne un reste, on complète le quotient en écrivant à la droite de la partie entière une fraction ordinaire ayant pour numérateur le reste de la division & pour dénominateur le diviseur; 3°. que le quotient de la division de deux nombres peut-être exprimé par une fraction ayant pour numérateur le dividende & pour dénominateur le diviseur.

Nous avons dit qu'on peut faire une division à l'aide de la soustraction, mais comme l'opération serait beaucoup trop longue, nous allons voir comment on peut opérer plus rapidement.

Nous considérons trois cas :

1er Cas. Le diviseur n'a qu'un chiffre et le dividende ne contient pas dix fois le diviseur.

Soit 40 à diviser par 8.

1	2	3	4	5	6	7	8	9
2	4	6	8	10	12	14	16	18
3	6	9	12	15	18	21	24	27
4	8	12	16	20	24	28	32	36
5	10	15	20	25	30	35	40	45
6	12	18	24	30	36	42	48	54
7	14	21	28	35	42	49	56	63
8	16	24	32	40	48	56	64	72
9	18	27	36	45	54	63	72	81

On cherchera le nombre 40 dans la 8ème ligne horizontale ou dans la 8e ligne verticale de la table de multiplication. Si par exemple on le prend dans la 8e ligne horizontale, on remontera la ligne verticale qui le contient et le chiffre 5 qui se trouve en tête de cette ligne est le quotient cherché. – Mais le plus souvent, le dividende ne se trouve pas dans la table de multiplication. Je suppose, par exemple, que l'on ait 37 à diviser par 8. On prendra dans la 8e ligne horiz. ou dans la 8e ligne verticale le nombre inférieur à 37 qui s'en rapproche le plus, ce nombre est 32. On conclut de là que la partie entière du quotient de la division de 37 par 8 est 4, et que le reste est 5.

Remarque. Quand on connaît de mémoire la table de multiplication, on peut déterminer aisément le quotient de la division d'un nombre d'un ou deux chiffres par un nombre d'un seul chiffre.

2e Cas. Le dividende et le diviseur sont des nombres entiers quelconques, mais le dividende ne contient pas 10 fois le diviseur.

Soit à diviser 2856 par 832.

Diviser 2856 par 832, c'est d'après la définition de la division, chercher un 3e nombre appelé quotient qui multiplié par le diviseur reproduise le dividende. Le quotient n'aura qu'un chiffre car on a

$$832 \times 1 < 2856 \text{ et } 832 \times 10 > 2856.$$

Le dividende 2856 étant le produit du quotient par le diviseur 832, nous pourrons considérer 2856 comme étant formé de trois produits partiels, savoir : des produits des unités, dizaines et centaines du diviseur par le quotient, plus d'un reste s'il y en a un.

```
2856 | 832
2496 | 3
----
 360
```

Si nous pourrions détacher du dividende le produit des centaines du diviseur par le quotient, en divisant ce produit par les centaines du diviseur, nous trouverions le quotient. Mais nous ne pouvons pas détacher ce produit du dividende ; seulement nous savons que le produit des centaines du diviseur par le quotient est un nombre exact de centaines qui doit se trouver contenu dans les 28 centaines du dividende.

Mais ces 28 centaines peuvent contenir outre le produit des centaines du diviseur par le quotient, quelques centaines qui auraient reflué de la multiplication des unités et dizaines du diviseur par le quotient, plus d'un reste s'il y en a un ; donc en divisant 28 centaines par 8 centaines, ou simplement 28 par 8, en prenant la centaine pour unité, on n'obtiendra pas un nombre moindre que le quotient cherché ; mais on pourrait en obtenir un plus grand, car les centaines provenant des retenues du produit de 32 par le quotient cherché jointes aux centaines du reste (s'il y en a un) peuvent donner autant de centaines qu'il y en a dans le diviseur, c.-à-d. 8 centaines. Le dividende augmentant du diviseur, le quotient augmenterait de 1. D'ailleurs le reste seul peut être égal au diviseur moins 1 et par suite contenir autant de centaines qu'il y en a dans le diviseur. Ainsi en divisant 28 par 8 on est exposé à trouver pour quotient un chiffre plus fort que le chiffre cherché, il devient donc nécessaire de l'essayer. Le quotient de 28 par 8 est 3. Pour voir si 3 n'est pas trop fort, je multiplie le diviseur par ce chiffre, et comme le produit 2496 peut se retrancher de 2856, j'en conclus que 3 est le chiffre du quotient cherché. Si le produit du diviseur par le chiffre essayé était plus grand que le dividende, on en conclurait que le chiffre essayé serait trop fort. Le raisonnement précédent conduit à la règle suivante.

Règle. Pour diviser deux nombres entiers l'un par l'autre, quand le quotient ne doit avoir qu'un chiffre, on cherche combien le premier chiffre à gauche du diviseur est contenu de fois dans le nombre des unités du même ordre du dividende ; on écrit au quotient le nombre de fois ; on multiplie le diviseur par ce chiffre ; si le produit ne surpasse pas le dividende, le quotient trouvé est exact ; si le produit surpasse le dividende, on diminue le quotient d'une unité, on opère comme précédemment et ainsi de suite jusqu'à ce que l'on ait obtenu un produit égal ou plus faible que le dividende, auquel cas on a le véritable chiffre du quotient.

Remarque. Quelquefois on croit pouvoir diminuer de plusieurs unités le chiffre essayé et alors on peut tomber sur un trop faible. – On reconnaît que le chiffre essayé est trop faible, lorsque le reste est égal ou supérieur au diviseur.

3e Cas. – Division de deux nombres quelconques.

Soit à diviser 32528 par 856.

Diviser 32258 par 856, c'est chercher un 3e nombre appelé quotient qui multiplié par le diviseur 856, reproduise 32258. Le quotient contiendra des unités puisque l'on a $856 \times 1 < 32258$,

il contiendra des dizaines puisque l'on a : $856 \times 10 < 32258$.

mais il ne contiendra pas de centaines car : $856 \times 100 > 32258$.

Le dividende étant le produit du quotient par le diviseur, nous pourrons considérer 32258 comme étant formé de deux produits savoir : des unités et dizaines du quotient par le diviseur* en divisant ce produit par le diviseur nous obtiendrions les dizaines du quotient. Mais nous ne pouvons pas détacher ce produit du dividende, seulement nous savons que le nombre exprimant les dizaines du quotient multiplié par le diviseur ne peut donner pour produit qu'un nombre de dizaines, qui se trouve nécessairement compris dans les 3252 dizaines du dividende.* Ces 3252 dizaines peuvent contenir outre le produit des dizaines du quotient par le diviseur, quelques dizaines qui auraient reflué de la multiplication des unités du quotient par le diviseur plus de celles que peut renfermer le reste de la division s'il y en a un.

```
32528 | 856
 6848 | 38
  000
```

Par conséquent, en divisant 3252 par 856, on ne trouvera pas un nombre plus petit que celui qui exprime les dizaines du quotient cherché, car si on augmente le dividende sans toucher au diviseur, on ne peut qu'augmenter le quotient et non le diminuer. Je dis qu'on ne trouvera pas non plus un nombre trop fort. En effet, dans le cas actuel, le quotient de 3252 par 856 est 3, alors le quotient de 32520 par 856 est au moins 30. Si le chiffre des dizaines du quotient de 32528 par 856 était seulement d'une dizaine de moins, ou deux dizaines, le quotient total serait au plus 29 unités, d'où il résulterait que le quotient d'une partie du dividende par le diviseur serait plus grand que le quotient du dividende tout entier par le même diviseur, ce qui est absurde. Donc en divisant 3252 par 856, on obtiendra exactement le chiffre des dizaines du quotient. Le quotient de 3252 par 856 étant 3, 3 exprime les dizaines du quotient cherché.

Cela posé, si du dividende 32528, on retranche le produit du diviseur par les dizaines du quotient, c.-à-d. 2568 dizaines ou 25680 unités, le reste 6848 ne contiendra plus que le produit du diviseur par les unités du quotient plus le reste de la division s'il y en a un. On continuera le raisonnement comme au cas précédent.

Règle générale. Pour faire une division, on écrit d'abord le dividende et à sa droite le diviseur; on les sépare par un trait vertical et on souligne le diviseur au dessous duquel on place le quotient. On prend ensuite sur la gauche du dividende autant de chiffres qu'il en faut pour que le nombre qu'ils expriment considéré comme des unités simples contienne le diviseur. On a ainsi un premier dividende partiel qu'on divise par le diviseur et l'on obtient le premier chiffre du quotient; on multiplie le diviseur par ce chiffre et on soustrait le produit du dividende partiel; on abaisse ensuite à la droite du reste le 1er des chiffres séparés dans le dividende, et l'on obtient le deuxième dividende partiel que l'on divise par le diviseur, ce qui donne le 2e

* plus d'un reste s'il y en a un;

chiffre du quotient que l'on écrit à la droite du 1er. On continue à opérer de la sorte jusqu'à ce que l'on ait abaissé le dernier chiffre du dividende. Si un dividende partiel se trouvait être moindre que le diviseur, on écrirait un zéro au quotient et l'on abaisserait à la droite de ce dividende le chiffre suivant du dividende total, ce qui donnerait un nouveau dividende partiel et l'on continuerait l'opération.

Le nombre des chiffres du quotient est égal au plus petit nombre de zéros qu'il faut écrire à la droite du diviseur pour le rendre égal ou supérieur au dividende.

En effet, soit 38257 à diviser par 89.

On a

$$89 \times 100 < 38257 \quad \text{et} \quad 89 \times 1000 > 38257$$

Le quotient, comme on le voit, est compris entre 100 et 1000 ; donc il a trois chiffres.

Remarque. Lorsque le diviseur n'a qu'un chiffre, on se dispense souvent d'écrire le diviseur, les restes et les divisions partielles.

Soit à diviser 825 par 5.

Voici comment on opère :

825 }
le 1/5 = 165 }

Le 1/5 de 8 centaines est 1 et il reste 3 centaines qui valent avec les deux dizaines, 32 dizaines, le 1/5 de 32 dizaines est 6 et il reste 2 dizaines qui valent avec les 5 unités, 25 unités ; le 1/5 de 25 unités est 5. Le quotient de 825 par 5 est donc 165.

Pour faire la division, on opère sur le dividende en allant de gauche à droite parce que le dividende étant la somme des produits partiels du diviseur par les unités, diz, centaines, etc. du quotient, tous ces produits partiels se fondent les uns dans les autres, et il n'est pas possible de mettre d'abord en évidence le produit du diviseur par les unités, le produit du diviseur par les dizaines, etc, tandis que, d'après le procédé indiqué précédemment, on parvient, sinon à découvrir tout à fait le produit du diviseur par les unités les plus fortes, du moins à déterminer dans quelle partie du dividende il se trouve.

On pourrait commencer la division par la droite, en l'effectuant par soustractions successives, comme nous l'avons indiqué page 22.

Division à l'aide d'une Table des neuf premiers multiples du diviseur.

Lorsque le quotient doit avoir un grand nombre de chiffres, et surtout lorsque l'on a plusieurs divisions à faire avec le même diviseur, il est avantageux de faire d'abord le tableau des multiples du diviseur par les nombres 1, 2, 3, 4, 5, 6, 7, 8, 9.

```
48965432457 | 453
453         |----------
 3665       | 108091462
 3624
 004143
   4077
   00662
     453
     2094
     1812
     02825
      2718
      01077
        906
        171
```

1	453
2	906
3	1359
4	1812
5	2265
6	2718
7	3171
8	3624
9	4077

Il est facile de reconnaître comment on a opéré dans la division ci-dessus.

Nature du quotient. 1° Quand le dividende et le diviseur sont des nombres concrets de même nature, le quotient est un nombre abstrait. Dans ce cas, en effet, on devra regarder le diviseur comme remplissant les fonctions de multiplicande, et alors le quotient remplira celles de multiplicateur. Ex. Combien aurait-on de mètres de drap pour une somme de 230f à raison de 23 fr. le mètre ?

Raisonnement. Puisque chaque mètre vaut 23f, autant de fois 23 fr. seront contenus dans 230f, autant il y aura de mètres. On voit donc que le quotient exprime un nombre de fois et qu'il est par conséquent abstrait, mais ce raisonnement fait voir aussi que pour avoir la réponse du problème, il suffit de rendre ce quotient concret en lui faisant exprimer des mètres.

2° Quand le diviseur est abstrait, le quotient est un nombre concret de la nature du dividende, car dans ce cas, le quotient sera le multiplicande et le diviseur le multiplicateur. Ex. 24 mètres ont coûté 848f. Quel est le prix du mètre ?

Raisonnement. Si 24 mètres coûtent 848f, 1 mètre coûtera une somme 24 fois moindre. On voit donc par ce raisonnement que le diviseur 24 est un nombre abstrait et que le quotient qui est la 24e partie de 848f, exprime des francs c'est-à-dire des unités de la nature du dividende.

Preuves de la division. Pour faire la preuve de la division, on multiplie le quotient par le diviseur et on ajoute le reste au produit ; si l'opération est exacte le total doit être égal au dividende.

Preuve par 9. Pour faire la preuve par 9 de la division, il faut retrancher le reste du dividende, et le nombre résultant étant le produit du diviseur par le quotient, on pourra vérifier l'opération en procédant comme nous l'avons fait pour la multiplication.

Usages de la division. 1° Trouver combien de fois un nombre en contient un autre; 2° partager une somme donnée en un certain nombre de parties égales. 3° Trouver le prix d'un objet quand on connaît le prix de plusieurs. 4° Trouver combien on aura d'objets pour une somme donnée connaissant le prix d'un objet. 5° Réduire des unités inférieures en unités supérieures, comme des jours en mois, des mois en années, etc.

Théorèmes relatifs à la multiplication et à la division.

Théorème I. On divise une somme par un nombre en divisant chacune de ses parties par ce nombre et en additionnant ensuite les divers quotients.

Soit la somme $S = a + b + c$ à diviser par n.

Je dis que $\frac{S}{n} = \frac{a}{n} + \frac{b}{n} + \frac{c}{n}$.

En effet, en désignant par q, q' & q'' les quotients de a par n, de b par n et de c par n, on a:

$$\left.\begin{aligned}\frac{a}{n} &= q\\ \frac{b}{n} &= q'\\ \frac{c}{n} &= q''\end{aligned}\right\}\text{ d'où }\left\{\begin{aligned}a &= nq\\ b &= nq'\\ c &= nq''\end{aligned}\right\}\text{ d'où } a+b+c \text{ ou } S = nq + nq' + nq'' = n(q+q'+q'')\text{, d'où}$$

$$\frac{S}{n} = q + q' + q'' = \frac{a}{n} + \frac{b}{n} + \frac{c}{n} \qquad \text{C. q. f. d.}$$

Théorème II. On multiplie la différence de deux nombres par un 3e, en multipliant les deux nombres par ce troisième & en retranchant le plus petit produit du plus grand.

Soient les deux nombres a et b dont la différence est d. Je dis que

$$a \times n - b \times n = d \times n.$$

En effet, de $a - b = d$, on tire: $a = d + b$.

Or d'après le principe précédent,

$$a \times n = b \times n + d \times n. \text{ D'où}$$

$$a \times n - b \times n = d \times n \qquad \text{C. q. f. d.}$$

Théorème III. On divise la différence de deux nombres par un 3e en divisant les deux nombres par ce 3e et en retranchant le plus petit quotient du plus grand.

Soient les deux nombres a et b dont la différence est d, je dis que

$$\frac{a}{n} - \frac{b}{n} = \frac{d}{n}.$$

En effet, de $a - b = d$, on tire: $a = b + d$.

D'où divisant par n, on a:

$$\frac{a}{n} = \frac{b}{n} + \frac{d}{n}\text{; d'où } \frac{a}{n} - \frac{b}{n} = \frac{d}{n}. \qquad \text{C. q. f. d.}$$

Théorème IV. On multiplie un produit par un nombre en multipliant un des facteurs par ce nombre.

Soit $(2 \times 3 \times 4) \times 5$. — Je dis qu'on a $(2 \times 3 \times 4) \times 5 = 2 \times (3 \times 5) \times 4 = 2 \times 15 \times 4$.

En effet, d'après des principes connus, on peut écrire:

$$(2 \times 3 \times 4) \times 5 = 5 \times (2 \times 3 \times 4) = 5 \times 2 \times 3 \times 4 = 5 \times 3 \times 2 \times 4 = 15 \times 2 \times 4 = 2 \times 15 \times 4. \qquad \text{C. q. f. d.}$$

Théorème V. Pour diviser un produit décomposé en plusieurs facteurs par l'un d'eux, il suffit de supprimer ce facteur.

Soit le produit $5 \times 6 \times 7 \times 9$ à diviser par 7.

On a : $5 \times 6 \times 7 \times 9 = 5 \times 6 \times 9 \times 7 = (5 \times 6 \times 9)\,7$.

Or multiplier le produit $(5 \times 6 \times 9)$ par 7, puis diviser ensuite le résultat par 7, c'est faire deux opérations qui se détruisent. Donc le quotient est $5 \times 6 \times 9$. C. Q. F. D.

Théorème VI. On divise un produit par un nombre, en divisant un des facteurs par ce nombre.

Soit $(2 \times 28 \times 5) : 4$.

Je dis que : $2 \times 28 \times 5 : 4 = 2 \times (28 : 4) \times 5 = 2 \times 7 \times 5$.

En effet, on a :

$$2 \times 28 \times 5 = 2 \times 5 \times 28 = 2 \times 5 \times 4 \times 7 = 2 \times 4 \times 7 \times 5.$$

Et d'après le principe précédent :

$$(2 \times 4 \times 7 \times 5) : 4 = 2 \times 7 \times 5. \qquad \text{Donc} \ldots$$

Théorème VII. Pour diviser une puissance d'un nombre par une autre puissance du même nombre, on soustrait l'exposant du diviseur de l'exposant du dividende.

Soit 7^5 à diviser par 7^3.

Je dis que $7^5 : 7^3 = 7^2$

En effet, on a :

$$\left.\begin{array}{l} 7^5 = 7 \times 7 \times 7 \times 7 \times 7 \\ 7^3 = 7 \times 7 \times 7 \end{array}\right\} \text{d'où } \left\{ \frac{7^5}{7^3} = \frac{7 \times 7 \times 7 \times 7 \times 7}{7 \times 7 \times 7} = 7 \times 7 = 7^2 \right. \qquad \text{C. Q. F. D.}$$

Théorème VIII. Pour trouver le quotient entier d'une division d'un nombre par le produit effectué de plusieurs facteurs, on peut diviser le nombre donné par le premier facteur, le quotient obtenu par le deuxième facteur et ainsi de suite jusqu'à ce qu'on ait employé tous les facteurs ; le dernier quotient est le quotient demandé.

1re Hypothèse : Toutes les divisions se font exactement.

Soit N à diviser par $(a \times b \times c)$.

On a :

$$\left.\begin{array}{l} \frac{N}{a} = q \\ \frac{q}{b} = q' \\ \frac{q'}{c} = q'' \end{array}\right\} \text{d'où} \left\{\begin{array}{l} N = aq = abq' = abcq'' ; \text{ D'où } \frac{N}{abc} = q''. \ (\text{Conclure}) \\ q = bq' \\ q' = cq'' \end{array}\right.$$

2e *Hypothèse*. Les divisions ne se font pas exactement.

Soit N à diviser par $(a \times b \times c)$.

On a

$$\left.\begin{array}{l}\frac{N}{a} = q + r \\ \frac{q}{b} = q' + r' \\ \frac{q'}{c} = q'' + r''\end{array}\right\} \text{d'où} \left\{\begin{array}{l} N = aq + r = a(bq' + r') + r = abq' + ar' + r = ab(cq'' + r'') + ar' + r = \\ q = bq' + r' \qquad = abcq'' + abr'' + ar' + r \text{ ; d'où} \\ q' = cq'' + r'' \qquad \frac{N}{abc} = q'' + \frac{abr'' + ar' + r}{abc}\end{array}\right.$$

Je vais prouver que $abr'' + ar' + r$ est moindre que abc & que par conséquent le quotient de N par abc est q'', c'est-à-dire le même que celui obtenu par les divisions successives.

Les plus grandes valeurs des restes r, r', r'' sont respectivement $c-1$, $b-1$, $a-1$; par suite, la plus grande valeur que puisse avoir $abr'' + ar' + r$ est $ab(c-1) + a(b-1) + a - 1 =$ $abc - ab + ab - a + a - 1 = abc - 1$. Le théorème est démontré.

Théorème IX. Lorsqu'on multiplie ou divise le dividende & le diviseur par un même nombre, le quotient ne change pas, mais le reste est multiplié ou divisé par ce nombre.

1ère *démonstration*. Nous avons vu que le quotient conserve la même valeur dans les deux cas. Or, si ce quotient n'est pas entier, il se compose d'un nombre entier plus d'une fraction qui a pour numérateur le reste & pour dénominateur le diviseur. La partie entière est nécessairement la même dans les deux cas & les fractions doivent avoir la même valeur. Mais puisque dans la deuxième division, le diviseur est le dénominateur de la 1re fraction multiplié par le nombre dont il s'agit, il faut que le reste de cette division soit aussi le reste de la 1re multiplié par le même nombre, autrement les fractions ne seraient pas égales & par suite les quotients eux-mêmes ne seraient pas égaux.

$$\begin{array}{c|c} A & B \\ \hline r & Q \end{array} \qquad\qquad \begin{array}{c|c} A & B \\ \hline r' & Q \end{array}$$

Quotient complet : $Q + \frac{r}{B}$. Quotient complet : $Q + \frac{r'}{B}$ | $r' = r \times n$

2e *démonstration*. Soit A le dividende, B le diviseur, Q le quotient & r le reste, on a :

$$\frac{A}{B} = Q + r \text{ ; D'où } A = BQ + r.$$

Si on multiplie chaque membre de cette égalité par un facteur quelconque m, il viendra :

$$A \times m = B \times m \times Q + r \times m.$$

Par hypothèse, $r < B$; donc $r \times m < B \times m$.

Conséquemment $A \times m : B \times m$, donne pour quotient Q & pour reste $r \times m$. C.Q.F.D.

Cinquième Leçon.

Divisibilité.

On appelle *multiple* d'un nombre tout produit de ce nombre par un nombre entier quelconque, 48 est un multiple de 12, parce qu'il est le produit de 12 par 4.

On appelle *facteur, diviseur* ou *sous-multiple* d'un nombre, tout nombre qui divise exactement le premier, ou tout nombre dont le 1er est un multiple : 4 est un diviseur de 12, parce que 12 est un multiple de 4 ou parce que 4 divise exactement 12.

Quand la division de deux nombres se fait sans reste, on dit : 1° que le plus grand nombre est divisible par le plus petit ; 2° que le plus petit nombre est diviseur du plus grand.

On appelle *nombre premier*, tout nombre qui n'est divisible que par lui-même et par l'unité. Ex : 5, 7 et 11 ; 8 et 13. Remarquons que des nombres peuvent bien être premiers entre eux sans être premiers absolus, c'est-à-dire sans être premiers pris séparément. Ex : 7 et 12

Les chiffres *pairs* sont 2, 4, 6 et 8. — Ces chiffres représentent des nombres divisibles par 2

Les chiffres *impairs* sont 1, 3, 5, 7 et 9. Ces chiffres représentent des nombres qui ne sont pas divisibles par 2.

On appelle *nombre pair* tout nombre terminé par un chiffre pair. Ex : 358 ; le zéro est considéré comme un nombre pair.

On appelle *nombre impair*, tout nombre terminé par un chiffre impair. Ex : 549.

Tout diviseur de plusieurs nombres est un diviseur de leur somme, ou autrement : Tout nombre qui divise toutes les parties d'une somme divise la somme.

Soit S la somme des nombres a, b et c et soit d qui divise a, b et c ; je dis que d divise S.

En effet, on a

$$\left.\begin{array}{l} \frac{a}{d} = q, \text{ d'où } a = dq ; \\ \frac{b}{d} = q', \quad " \quad b = dq' ; \\ \frac{c}{d} = q'' \quad " \quad c = dq'' ; \end{array}\right\} \text{d'où } a+b+c \text{ ou } S = dq + dq' + dq'' = d(q+q'+q'') ; \text{ d'où } \frac{S}{d} = q+q'+q''$$

q, q' et q'' étant des nombres entiers, leur somme est aussi un nombre entier. Donc d divise S. c. q. f. d.

Tout nombre qui en divise un autre divise ses multiples.

Soit d qui divise a. Je dis que d divise a×n.

En effet, on a :

$$a \times n = a + a + a + a \ldots\ldots$$

Or d divise a ; il divise donc toutes les parties de la somme a + a + a + a ...... ou a×n. C. Q. F. D.

On peut encore raisonner ainsi:

d divisant a, on a:

$$\frac{a}{d} = q.$$

Multipliant par n, il vient:

$$\frac{a \times n}{d} = qn.$$

q étant un nombre entier, $q \times n$ est aussi un nombre entier et comme $q \times n$ est le quotient de $a \times n$ par d, d divise $a \times n$, multiple de a. C.Q.F.D.

Tout nombre qui en divise deux autres divise leur différence.

Soient les deux nombres a et b dont la différence est d et soit n qui divise a et b; je dis que n divise d.

En effet, on a: $\frac{a}{n} = q \left| a = nq \right.$, $\frac{b}{n} = q' \left| b = nq' \right.$; $a - b$ ou $d = nq - nq' = n(q - q')$; d'où $\frac{d}{n} = q - q'$

q et q' étant des nombres entiers, leur différence $q - q'$ est aussi un nombre entier; donc n divise d.

Si un nombre divise toutes les parties d'une somme, à l'exception d'une seule, il ne divise pas la somme.

Soit la somme $S = a + b + c$, et soit n qui divise a et b, mais qui ne divise pas c, je dis que n ne divise pas S.

En effet, on a:

$$\left.\begin{matrix} \frac{a}{n} = q \\ \frac{b}{n} = q' \\ \frac{c}{n} = q'' + r \end{matrix} \left| \begin{matrix} a = nq \\ b = nq' \\ c = nq'' + r \end{matrix} \right.\right\} a + b + c \text{ ou } S = nq + nq' + nq'' + r = n(q + q' + q'') + r \mid \frac{S}{n} = q + q' + q'' + \frac{r}{n}.$$

r étant plus petit que n, on voit que S n'égale pas un nombre exact de fois n et que par suite, n ne divise pas S. C.Q.F.D.

Tout nombre pair est divisible par 2

Soit le nombre 854; je dis qu'il est divisible par 2.

En effet, 854 = 85 dizaines + 4 unités. Les unités étant représentées par un chiffre pair sont divisibles par 2; une dizaine étant égale à 2×5 est pareillement divisible par 2, donc 85 dizaines sont divisibles par 2, puisqu'on a démontré que tout nombre qui en divise un autre divise les multiples de cet autre. Les deux parties du nombre, savoir les unités et les dizaines étant divisibles par 2, le nombre lui-même est divisible par 2.

Corollaire. Le reste de la division d'un nombre par 2 est le même que le reste de la division du chiffre de ses unités par 2.

Un nombre est divisible par 5 quand il est terminé par un des chiffres 0 ou 5.

Soit le nombre 245, je dis qu'il est divisible par 5.

En effet, 245 = 24 dizaines + 5 unités. Les unités étant représentées par un 5, sont divisibles par 5; une dizaine étant égale à 2×5 est pareillement divisible par 5, donc 24 dizaines sont aussi divisibles par 5, puisqu'on a démontré que tout nombre qui en divise un autre divise les multiples de cet autre. Les deux parties du nombre, savoir: les unités & les dizaines étant divisibles par 5, le nombre lui-même est divisible par 5.

Corollaire. Le reste de la division d'un nombre par 5 est le même que le reste de la division du chiffre de ses unités par 5.

Un nombre est divisible par 4 quand les deux derniers chiffres à droite forment un nombre divisible par 4.

Soit le nombre 324; je dis qu'il est divisible par 4;
En effet, 324 = 3 centaines + 24 unités. Les unités sont par hypothèse divisibles par 4. une centaine étant égale à 4×25 est pareillement divisible par 4, donc 3 centaines seront aussi divisibles par 4, puisqu'on a démontré que tout nombre qui en divise un autre divise tous les multiples de cet autre. Les deux parties du nombre, savoir les unités & les centaines étant divisibles par 4, le nombre lui-même est divisible par 4

Corollaire. Le reste de la division d'un nombre par 4 est le même que le reste de la division par 4 du nombre formé par ses deux derniers chiffres à droite.

Un nombre est divisible par 8 quand les trois derniers chiffres à droite forment un nombre divisible par 8.

Soit, par exemple, le nombre 3824 dont les trois derniers chiffres à droite forment un nombre divisible par 8, je dis que le nombre est lui-même divisible par 8.

En effet, 3824 = 3000 + 824 unités. Les unités sont, par hypothèse, divisibles par 8; 1 mille étant égale à 8×125 est pareillement divisible par 8, donc 3000 est aussi divisible par 8, puisqu'on a démontré que tout nombre qui en divise un autre divise les multiples de cet autre. Les deux parties du nombre, savoir: les unités & les mille étant divisibles par 8, le nombre lui-même est divisible par 8.

Corollaire. Le reste de la division d'un nombre par 8 est le même que le reste de la division par 8 du nombre formé par ses trois derniers chiffres à droite.

Un nombre est divisible par 10, par 100, par 1000, selon qu'il est terminé par un, par deux, par trois, etc zéros.

En effet, un nombre terminé par un zéro est un multiple de 10, donc il est divisible par 10; un nombre terminé par 2 zéros est un multiple de 100, donc il est divisible par 100. &c.

Un nombre est divisible par 20, par 25 ou par 50, lorsque ses deux derniers à droite forment un nombre divisible par 20, 25 ou par 50.

En effet, tout nombre peut se décomposer en centaines & en unités, & un nombre quelconque de centaines est divisible par 20, par 25 & par 50. Donc ....

Pour être divisible par 20, un nombre doit être terminé par deux zéros ou par 20, ou par 40, ou par 60, ou par 80. Pour l'être par 25, il doit être terminé par deux zéros, ou par 50, ou par 75; - pour l'être par 50, il doit être terminé par deux zéros ou par 50.

Un nombre est divisible par 9 quand la somme de ses chiffres additionnés comme si tous représentaient des unités simples, est divisible par 9.

Pour démontrer ce principe, nous allons prouver : 1° Que l'unité suivie d'un ou plusieurs zéros exprime un nombre égal à un multiple de 9 augmenté d'une unité ; 2° qu'un chiffre suivi d'un ou de plusieurs zéros, exprime un nombre égal à un multiple de 9, augmenté de la valeur de ce chiffre ; 3° Qu'un nombre peut être considéré comme la somme de deux parties dont la 1° est un multiple de 9 et la 2° est la somme des chiffres du nombre.

1° En effet :

$$10 = 9 \times 1 + 1 = m.9 + 1$$
$$100 = 99 + 1 = 9 \times 11 + 1 = m.9 + 1$$
$$1000 = 999 + 1 = 9 \times 111 + 1 = m.9 + 1. \ \&c.$$

Et, en général, un nombre formé de l'unité suivie de plusieurs zéros est un multiple de 9 + 1. C.Q.F.D.

2° $7000 = m.9 + 7$.

En effet, nous venons de voir que

$$1000 = m.9 + 1,$$

et en multipliant par 7 chaque membre de cette égalité, on a :

$$7000 = m.9 \times 7 + 1 \times 7 = m.9 + 7$$

On verrait de même que $70000 = m.9 + 7$; que $90000 = m.9 + 9$. Donc, etc....

3° Soit le nombre 72819.

On a $72819 = 70000 + 2000 + 800 + 10 + 9$

Or d'après les propositions qui précèdent

$$70000 = m.9 + 7$$
$$2000 = m.9 + 2$$
$$800 = m.9 + 8$$
$$10 = m.9 + 1$$
$$9 = \ldots . 9.$$

Somme $\quad 72819 = m.9 \times 4 + (7+2+8+1+9) = m.9 + (7+2+8+1+9)$ C.Q.F.D.

On conclut de l'égalité précédente que le reste de la division d'un nombre par 9 est égal au reste de la division par 9 de la somme de ses chiffres. D'où il résulte qu'un nombre est divisible par 9 quand la somme de ses chiffres est divisible par 9.

Un nombre est divisible par 11 quand la différence entre la somme de ses chiffres de rang impair et la somme de ses chiffres de rang pair est elle-même divisible par 11.

Les chiffres de rang impair se comptent de deux en deux à partir du chiffre des unités en allant de droite à gauche; les chiffres de rang pair se comptent aussi de deux en deux en allant de droite à gauche, mais à partir du chiffre des dizaines.

Pour démontrer le principe énoncé, nous allons prouver:

1° Que l'unité suivie d'un nombre impair de zéros exprime un nombre égal à un multiple de 11 diminué d'une unité; & que l'unité suivie d'un nombre pair de zéros exprime un nombre égal à un multiple de 11 plus l'unité.

2° Qu'un nombre formé d'un chiffre quelconque suivi d'un nombre impair de zéros est un multiple de 11, moins ce chiffre, et qu'un chiffre suivi d'un nombre pair de zéros est un multiple de 11 plus ce chiffre.

3° Que tout nombre peut-être considéré comme la somme de deux parties dont la 1° est un multiple de 11, et la seconde est égale à l'excès de la somme des chiffres de rang impair du nombre, sur la somme des chiffres de rang pair.

1° En effet,

$$10 = 11 - 1 = m.11 - 1$$

Multipliant par 10 chaque membre de cette égalité, il vient,

$$10 \times 10 \text{ ou } 100 = m.11 \times 10 - 1 \times 10 = m.11 - 10 = m.11 - 11 + 1 = m.11 + 1$$

Multipliant de même par 10 les deux membres de l'égalité $100 = m.11 + 1$, on a:

$$100 \times 10 \text{ ou } 1000 = m.11 \times 10 + 1 \times 10 = m.11 + 10 = m.11 + 11 - 1 = m.11 - 1$$

En raisonnant de la même manière, on trouvera successivement:

$$10000 = m.11 + 1$$

$$100\,000 = m.11 - 1$$

$$1000\,000 = m.11 + 1 \quad \text{etc} \ldots$$

Ce qui démontre la proposition énoncée.

2° Soit, par exemple, 5000. D'après la proposition précédente, on a:

$$1000 = m.11 - 1$$

En multipliant chaque membre de cette égalité par 5, il vient:

$$5000 = m.11 \times 5 - 1 \times 5 = m.11 - 5$$

La démonstration serait la même dans le cas d'un chiffre suivi d'un nombre pair de zéros. Donc, etc.

3° Soit, par exemple le nombre 23276. On a:

$$23276 = 20000 + 3000 + 200 + 70 + 6$$

Or d'après la proposition précédente,

$$20000 = m.11 + 2$$
$$3000 = m.11 - 3$$
$$200 = m.11 + 2$$
$$70 = m.11 - 7$$
$$6 = \quad 6$$
$$23276 = m.11 + (2+2+6) - (3+7) \qquad \text{C.Q.F.D.}$$

On conclut, de l'égalité précédente, que le reste de la division d'un nombre par 11 est égal au reste de la division par 11 de la différence entre la somme de ses chiffres de rang impair & la somme de ses chiffres de rang pair à partir de la droite.

D'où il résulte qu'un nombre est divisible par 11 quand la différence entre la somme de ses chiffres de rang impair & la somme de ses chiffres de rang pair, à partir de la droite, est divisible par 11.

Remarque. Si la somme des chiffres de rang impair est plus petite que celle des chiffres de rang pair, on peut dire: Un nombre entier est égal à un multiple de 11 diminué de l'excès de la somme des chiffres de rang pair sur celle des chiffres de rang impair.

Divisibilité par 7.

Nous allons d'abord faire voir: 1° que une unité, une dizaine, une centaine de chaque unité d'ordre ternaire de rang impair à partir de la droite, expriment des multiples de 7 augmentés respectivement de une, trois, deux unités simples et que une unité, une dizaine une centaine de chaque unité d'ordre ternaire de rang pair expriment des multiples de 7 diminués respectivement de une, trois, deux unités simples.

2° Qu'un nombre quelconque étant partagé en tranches de trois chiffres à partir de la droite peut, être considéré comme la somme de deux parties dont la 1re est un multiple de 7 & la seconde, la différence entre la somme des produits provenant des tranches de rang impair & celle des produits provenant des tranches de rang pair.

1° Je divise par 7 le nombre représenté par l'unité suivie d'un nombre indéfini de zéros.

```
1000000000....  | 7
 30             |142857142 8.....
  20
   60
    40
     50
      10
       30
        20
         60
          4
```

En examinant la division ci-dessus, on voit qu'on peut former le tableau suivant:

$$(a)\begin{cases}1 = \ldots\ldots\ldots 1\\ 10 = 7\times1+3 = m.7+3\\ 100 = 7\times14+2 = m.7+2\end{cases} \quad (b)\begin{cases}1000 = 7\times142+6 = m7+7-1 = m.7-1\\ 10000 = 7\times1428+4 = m7+7-3 = m7-3\\ 100000 = 7\times14285+5 = m7+7-2 = m.7-2\end{cases}$$

Et comme les restes se reproduisent périodiquement à l'infini, le principe est démontré.

2° Soit le nombre 14975261. — On a:

$$14975261 = 261 + 975000 + 14000000$$

En multipliant par 5 la première des égalités (a), par 6 la deuxième & par 2 la troisième, il vient:

$$\begin{aligned} 1 &= \quad = m.7+1\times1\\ 60 &= m.7\times6+3\times6 = m7+6\times3\\ 200 &= m.7\times2+2\times2 = m.7+2\times2\\ \hline \text{Somme}\ 261 &= \ldots\ldots = m7+1\times1+6\times3+2\times2 \quad (1)\end{aligned}$$

De même en multipliant par 5 la première des égalités (b), par 7 la 2e & par 9 la 3e, il vient:

$$\begin{aligned} 5000 &= m.7\times5-1\times5 = m.7-5\times1\\ 70000 &= m.7\times7-3\times7 = m.7-7\times3\\ 900000 &= m.7\times9-2\times9 = m.7-9\times2\\ \hline \text{Somme}\ 975000 &= \ldots\ldots = m.7-(5\times1+7\times3+9\times2) \quad (2)\end{aligned}$$

On prouverait de même que

$$14000000 = m.7+4\times1+1\times2 \quad (3)$$

En additionnant m. à m. les égalités (1), (2) & (3), il vient:

$$14975261 = m.7+(1\times1+6\times3+2\times2)+(4\times1+1\times2)-(5\times1+7\times3+9\times2).$$

De ce qui précède il résulte:

Qu'un nombre est divisible par 7 quand après l'avoir partagé en tranches de trois chiffres à partir de la droite, avoir multiplié les unités, dizaines, centaines de chaque tranche respectivement par 1, 3, 2, avoir fait la somme des produits provenant des tranches de rang impair, la somme des produits provenant des tranches de rang pair & fait la différence entre les 2 sommes, cette somme est divisible par 7.

Si nous nous reportons au tableau de la division 100000 . . . par 7, nous reconnaîtrons facilement que toute unité ternaire de rang impair est un multiple de 7 augmenté d'une unité simple, et que toute unité ternaire de rang pair est un multiple de 7 diminué d'une unité simple.

Il résulte de là que si l'on partage un nombre en tranches de trois chiffres en allant de droite à gauche, chaque tranche sera un multiple de 7 augmenté ou diminué de sa valeur absolue selon qu'elle sera de rang impair ou de rang pair; par suite le nombre sera un multiple de 7 augmenté de la somme des tranches de rang impair, & diminué de la somme des tranches de rang pair.

Soit le nombre 14975261.

Des égalités

$$1 = m.7 + 1$$
$$1000 = m.7 - 1$$
$$1000000 = m.7 + 1$$

. . . .

on tire, en multipliant la 1re par 261, la 2e par 975 et la 3e par 14

$$261 = m.7 + 261$$
$$975000 = m7 - 975$$
$$14000000 = m7 + 14$$

Somme $14975261 = m.7 + 261 + 14 - 975.$ C.q.F.D.

De ce qui précède il résulte :

Qu'un nombre est divisible par 7 quand après l'avoir partagé en tranches de trois chiffres en allant de droite à gauche, la différence entre la somme des tranches de rang impair et la somme des tranches de rang pair est divisible par 7.

Remarque. Pour tous les nombres composés de plus de trois chiffres, on devra appliquer les deux règles en même temps.

Sixième Leçon.

Preuves par 9 et par 11. – Théorie du plus grand commun diviseur.

Théorèmes relatifs au plus grand commun diviseur.

Le reste de la division par n de la somme de plusieurs nombres est égal au reste de la division par n de la somme des restes que l'on obtient en divisant chacun de ces nombres par n.

Soit la somme $S = a + b + d$.

On a :

$$\left.\begin{aligned} a &= m.n + r \\ b &= m.n + r' \\ d &= m.n + r'' \end{aligned}\right\} a + b + d \text{ ou } S = m.n + (r + r' + r'')$$

(Conclure)

De ce théorème découle immédiatement la règle à suivre pour faire la preuve par 9 de l'addition et de la soustraction.

Règle. Pour faire la preuve par 9 d'une addition, on cherche successivement les restes de la division par 9 des nombres donnés, on fait la somme des restes et on la divise par 9. Le reste doit être le même que celui de la division par 9 de la somme qu'il s'agit de vérifier. – Même règle pour la preuve par 11.

Dans une soustraction, le plus grand nombre pouvant être considéré comme la somme du plus petit & de la différence, la preuve par 9 & par 11 de la soustraction rentre dans celle de l'addition.

Le reste de la division par n du produit de 2 nombres est égal au reste de la division par n du produit des restes que l'on obtient en divisant chacun de ces nombres par n.

Soient les 2 nombres A & B dont le produit est P.

On a:

$$\left.\begin{array}{l} A = m.n + r \\ B = m.n + r' \end{array}\right\} A \times B \text{ ou } P = (m.n + r)(m.n + r') = m.n \times m.n + m.n \times r + m.n \times r' + rr' = \dot{m}n + rr' \text{ (Conclure)}$$

De ce théorème découle immédiatement la règle à suivre pour faire la preuve par 9 & par 11 de la multiplication & de la division.

Règle. Pour faire la preuve par 9 d'une multiplication, on cherche les restes de la division par 9 du multiplicande & du multiplicateur; on multiplie ces deux restes entre eux & on divise leur produit par 9; le reste que l'on obtient alors doit être le même que celui du produit des nombres proposés par ce même diviseur 9.

Remarque. Si la preuve par 9 d'une opération a réussi, on ne saurait cependant en conclure d'une manière certaine que l'opération est exacte, car, si, en effet, elle était entachée d'une erreur égale à un multiple de 9, la preuve ne pourrait indiquer cette erreur.

On peut par les mêmes procédés faire la preuve par 11 ou par tout autre diviseur que 9 & 11.

Plus grand commun diviseur

On nomme plus grand commun diviseur de deux ou plusieurs nombres, le plus grand de leurs communs diviseurs.

Proposons-nous d'abord de trouver le p. g. c. d. entre deux nombres seulement, par exemple entre 348 & 96. — Ce p. g. c. d. devant diviser 96 ne saurait être plus grand que 96; si donc 96 divisait 348, comme il se divise lui-même, il serait le p. g. c. d. cherché. Essayons donc la division de 348 par 96, 348 divisé par 96 donne 3 pour quotient & 60 pour reste; 96 n'est donc pas le p. g. c. d. cherché; mais nous allons

	3	1	1	1	2
348	96	60	36	24	12
60	36	24	12	0	

faire voir que le p. g. c. d. entre 348 & 96 est le même que celui qui existe entre 96 & 60. Il résulte de la division précédente que 348 = 96 × 3 + 60.

1° Tout diviseur commun à 348 & à 96 est diviseur commun à 96 et à 60. En effet, tout diviseur commun à 348 et à 96 divise 96×3, multiple de 96 ; divisant une somme 348 & l'une de ses parties 96×3, il divise l'autre partie 60, il est donc diviseur commun à 96 & à 60. 2° Tout diviseur commun à 96 & à 60 est un diviseur commun à 348 et 96. En effet, tout diviseur commun à 96 et à 60 divise 96×3 et 60, il divise leur somme 348, il est donc commun diviseur à 348 & 96. Les diviseurs communs à 348 et à 96 sont les mêmes un à un, que les diviseurs communs à 96 et 60, le plus grand parmi parmi les premiers est donc le même que le plus grand parmi les derniers. Autrement dit, le p. g. c. d. entre 348 & 96 est le même que le p. g. c. d. entre 96 & 60. Cette démonstration est générale & nous pouvons poser en principe que le p. g. c. d. entre deux nombres quelconques est le même que celui qui existe entre le plus petit de ces deux nombres & le reste de leur division. Revenons à 348 & à 96, pour trouver le p. g. c. d. entre ces deux nombres, il nous suffira donc de trouver celui qui existe entre 96 & 60. Pour voir si ce p. g. c. d. n'est pas 60 lui-même, nous essaierons la division de 96 par 60 ; 96 divisé par 60 donne 1 pour quotient & 36 pour reste, 60 n'est pas le p. g. c. d., mais en vertu du principe que nous venons d'établir le p. g. c. d. entre 96 & 60 est le même qu'entre 60 & 36. Nous sommes donc conduits à diviser 60 par 36 ; cette division donne 24 pour reste. Raisonnant de même, nous diviserons 36 par 24 ; cette division donne un reste 12. Enfin, nous diviserons 24 par 12 ; la division se fait sans reste. Nous conclurons par là que 12 est le p. g. c. d. entre 24 & 12, par suite entre 24 & 36, puis entre 96 & 60, et enfin entre les deux nombres donnés 348 & 96.

348 – 96 | a, b, c, d
96 – 60 | a, b, c, d

Hypothèse : a, b, c, d, seuls communs diviseurs à 348 & à 96. Ces nombres a, b, c, d doivent diviser 96 et 60. 96 & 60 n'admettent pas d'autres diviseurs communs que a, b, c, d. En effet, s'ils en admettaient un autre, n, par exemple, n divisant 96, diviserait 96×3 ; divisant 96×3 et 60, il diviserait 348, il en résulterait alors que n serait un commun diviseur à 348 et à 96, ce qui est impossible, puisque nous avons supposé que a, b, c, d, sont les seuls communs diviseurs à 348 & 96.)

Règle. Pour trouver le p. g. c. d. entre deux nombres, divisez le plus grand par le plus petit, si la division se fait sans reste, le plus petit nombre est le p. g. c. d. Dans le cas contraire, divisez le plus petit nombre par le reste, si cette division ne donne pas de reste, le premier reste est le p. g. c. d. des nombres donnés ; si on a encore un reste, on divise le premier reste par le second ; ainsi de suite, on divise le diviseur par le reste correspondant jusqu'à ce qu'on arrive à une division qui se fasse exactement. Alors le dernier diviseur employé est le p. g. c. d. cherché. Lorsqu'on arrive au reste 1, on en conclut que les restes sont premiers entre eux.

Il résulte de notre raisonnement que le p.g.c.d. entre les nombres proposés est le même que celui qui existe entre deux nombres consécutifs quelconques, ou bien entre le dividende & le diviseur de chaque division. — Les restes successifs allant constamment en diminuant, il est évident que la recherche du p.g.c.d. de deux nombres doit toujours se terminer après un nombre limité de divisions.

Tout nombre qui en divise deux autres, divise le reste de leur division.

Soient A & B deux nombres, r le reste de leur division, & soit d qui divise A & B; je dis que d divise r.

En effet, on a:

$$\begin{array}{c|l} A & B \\ \hline r & Q \end{array} \quad \text{d'où } A = BQ + r.$$

d divisant A & B divise BQ en vertu d'un principe connu; d divisant A & BQ doit diviser r, car nous avons prouvé que tout nombre qui divise une somme décomposée en 2 parties & l'une de ses parties divise l'autre partie. Donc...

Tout nombre qui en divise deux autres, divise leur p.g.c.d.

Soit d qui divise les deux nombres A et B dont le p.g.c.d. est r_4. Je dis que d divise r_4

	Q	Q_1	Q_2	Q_3	Q_4	
A	B	r	r_1	r_2	r_3	r_4
r	r_1	r_2	r_3	r_4	0	

En effet, d divisant A et B doit diviser le reste r de la division de A par B; divisant r & B, d divisera également le reste r_1 de la division de B par r & ainsi de suite, d divisera par conséquent tous les restes successifs de l'opération & par suite divisera le dernier reste r_4 qui est le p.g.c.d. des nombres A & B. C.Q.F.D.

Lorsqu'on multiplie ou divise deux nombres par un n^e le p.g.c.d. est multiplié ou divisé par ce nombre.

Soient A & B deux nombres; r, r', r'' ..... les restes successifs obtenus par la recherche du plus grand commun diviseur.

	Q	Q'	Q''	Q'''
A	B	r	r'	r''
r	r'	r''	r'''	

$A\times m$	$B\times m$	$r\times m$	$r'\times m$	$r''\times m$
$r\times m$	$r'\times m$	$r''\times m$	$r'''\times m$	

D'après un principe précédent, si l'on multiplie A & B par m, r sera aussi multiplié par m. B & r étant multipliés par m, r' est également multiplié par m, il en sera ainsi de tous les autres restes. Par suite le p.g.c.d. qui est le dernier reste sera aussi multiplié par m.

C.Q.F.D.

On démontrerait de même que si l'on divise A & B par m le p. g. c. d. de ces deux nombres sera aussi divisé par m.

Lorsqu'on divise 2 nombres par leur p. g. c. d, les quotients sont premiers entre eux.

Soient A & B 2 nombres dont le p. g. c. d. est d. Je dis que si l'on divise A & B par d les quotients Q & Q' seront premiers entre eux.

$$\left.\begin{matrix} A \\ B \end{matrix}\right\} \text{p.g.c.d. } D \quad \Bigg| \quad \left.\begin{matrix} \frac{A}{D} = Q \\ \frac{B}{D} = Q' \end{matrix}\right\} \frac{D}{D} = 1 \text{ p.g.c.d. de } Q \;\&\; Q'.$$

En effet, d'après le théorème précédent Q & Q' doivent avoir pour p. g. c. d. $\frac{D}{D} = 1$. c. q. f. d.

Réciproquement. Lorsque les quotients Q & Q' des nombres A & B par D sont premiers entre eux, D est le p. g. c. d. des nombres A & B.

$$\left.\begin{matrix} \frac{A}{D} = Q \\ \\ \frac{B}{D} = Q' \end{matrix}\right\} 1 \left\{\begin{matrix} A = DQ \\ \\ B = DQ' \end{matrix}\right. \Bigg| \; 1 \times D$$

En effet, des égalités $\frac{A}{D} = Q$; $\frac{B}{D} = Q'$, on déduit $A = DQ$, $B = DQ'$.

Or Q & Q' sont par hypothèses premiers entre eux, & d'après un théorème précédent, DQ ou A & DQ' ou B ont pour p. g. c. d. 1×D ou D. C. q. F. D.

Recherche du plus grand commun diviseur de plus de deux nombres

Règle. Pour trouver le p. g. c. d. entre plus de deux nombres, on cherche d'abord le p. g. c. d. entre les deux premiers, on cherche ensuite le p. g. c. d. entre le p. g. c. d. trouvé & le 3e nombre, puis le p. g. c. d. entre le diviseur trouvé & le 4e nombre et ainsi de suite. Le dernier p. g. c. d. que l'on trouve ainsi quand on est arrivé au dernier nombre est le p. g. c. d. des nombres proposés.

```
A    B    C    D
 \  /    /    /
  d  ─  d' ─ d''
```

Soit à trouver le p. g. c. d. entre les nombres A, B, C, D.

Représentons par d le plus grand commun diviseur entre A & B ; par d' le p. g. c. d. entre d & C ; par d'' le p. g. c. d. entre d' & D, d'' sera le plus g. c. d. entre les 4 nombres A, B, C, D.

Je dis d'abord que d'' est un diviseur commun des 4 nombres proposés. En effet, d'' divise d'après la définition d' & D ; divisant d', il divise d & C multiples de d', divisant d, il divise A & B, multiples de d. donc d'' est un diviseur commun aux 4 nombres. Je dis en second lieu que d'' est le p. g. c. d. de ces 4 nombres. Soit en effet, un autre diviseur commun a, par exemple, je dis qu'il est plus petit que d''. a divise A & B, donc il divise leur plus grand commun diviseur d, a divise d & C, donc il divise d', a divise d' & D donc il divise d'', donc il n'est pas plus grand que d'' qui est le p. g. c. d. des 4 nombres, puisque ceux-ci n'ont aucun diviseur commun plus grand que lui.

Septième Leçon.

Théorie des Nombres premiers

Un nombre premier absolu est premier avec tous les nombres entiers qui ne sont pas ses multiples.

Soit 17 un nombre premier absolu, je dis que 17 est premier avec 35 qui n'est pas son multiple. — En effet, 17 étant premier absolu ne peut admettre d'autres diviseurs que 17 & 1. 17 ne divisant pas 35, il en résulte que l'unité est le seul diviseur qui puisse exister entre 17 & 35. C. Q. F. D.

Deux nombres consécutifs sont premiers entre eux.

Soient A & B deux nombres consécutifs ; je dis qu'ils sont premiers entre eux.

$$A - B = 1$$

En effet, s'ils admettaient un diviseur commun d, par exemple, ce diviseur commun devrait, en vertu d'un théorème connu, diviser 1, ce qui est impossible. — Donc.

Tout nombre qui n'est pas premier, admet au moins un diviseur premier.

Pour démontrer ce principe, je vais prouver que le plus petit diviseur d'un nombre est toujours premier.

Soit, en effet, A un nombre & d son plus petit diviseur. Si d n'est pas

$$\frac{A}{d} = Q \quad \Big| \quad A = dQ \quad \backslash d'$$

premier, d admet un diviseur d' nécessairement plus petit que d, d' diviserait d diviserait dQ ou A multiple de d. Il en résulterait alors que d ne serait pas le plus petit diviseur de A, ce qui est contraire à l'hypothèse. Donc, etc.

Remarque. Un nombre premier étant divisible par lui-même, admet un diviseur premier. On peut donc dire que : *Tout nombre entier, premier ou non, admet au moins un diviseur premier.*

Si deux nombres ne sont pas premiers entre eux, ils ont au moins un diviseur premier commun. — Soient A et B deux nombres qui ne sont pas premiers entre eux, je dis qu'ils ont au moins div. pr. com. En effet, ces deux nombres n'étant pas premiers entre eux admettent un diviseur

$$\frac{A}{d} = Q \quad \frac{B}{d} = Q' \quad \Bigg| \quad A = dQ \quad B = dQ'$$

commun d, autre que 1 ; & d'après le principe précédent, d admet lui-même un diviseur premier d' qui divise 1 & 13 comme multiple de d. Donc, —

Moyen de reconnaître si un nombre est premier

Pour reconnaître si un nombre est premier, on essaye la division de ce nombre successivement par les nombres premiers 2, 3, 5, 7, jusqu'à ce que l'on obtienne un quotient égal ou inférieur au diviseur employé. — Si aucune de ces divisions ne réussit, le nombre est premier.

Je suppose, par exemple, que l'on veuille savoir si le nombre 97 est premier. En appliquant à ce nombre, les caractères de divisibilité par, 2, 3, 5 & 7, je vois qu'aucune division ne réussit & que les quotients sont toujours supérieurs aux diviseurs correspondants. La division par 11 ne réussit pas non plus, mais le quotient 8 étant plus petit que le diviseur 11, j'en conclus que 97 est un nombre premier.

En effet, 97 n'est divisible ni par un nombre premier, ni par un nombre non premier inférieur à 11. Nous avons déjà essayé la division par les nombres premiers moindres que 11. Quant aux nombres non premiers moindres que 11, 97 ne saurait être divisible par aucun d'eux, car, si 97 était divisible par 6, par exemple, on aurait

$$\frac{97}{6} = q \; ; \text{ d'où } 97 = 6 \times q .$$

Or le plus petit diviseur de 6 est premier ; ce diviseur est 2 ; 2 divisant 6 diviserait $6 \times q$ ou 97, multiple de 6, ce qui ne peut-être. D'autre part, 97 ne saurait admettre un diviseur supérieur à 11. Supposons, en effet, que 13 divise 97, on aurait

$$\frac{97}{13} = q \; ; \text{ d'où } 97 = 13 \times q$$

q serait un diviseur de 97 ; mais q serait inférieur à 11 attendu que la division de 97 par 11 donne déjà un quotient inférieur à 11. Il en résulterait que 97 admettrait un diviseur inférieur à 11, ce qui a été reconnu impossible. — 97 est donc premier.

La suite des nombres premiers est illimitée.

Supposons qu'elle soit limitée et que ce soit N le plus grand de tous les nombres premiers. Formons le produit de tous les nombres premiers depuis 1 jusqu'à N inclusivement, à ce produit, ajoutons l'unité et désignons par S la somme, nous aurons :

$$S = (1 \times 2 \times 3 \times 5 \times 7 \times \ldots\ldots \times N) + 1.$$

S étant plus grand que le produit $(1 \times 2 \times 3 \times 5 \times 7 \times \ldots\ldots N)$, et à fortiori plus grand que N, si S est premier le théorème est démontré. Si S n'est pas premier, S admet un diviseur premier qui doit être plus grand que N. En effet, s'il n'était pas plus grand que N, il entrerait comme facteur dans le produit $(1 \times 2 \times 3 \times 5 \times 7 \times \ldots N)$ & devrait le diviser. Alors, divisant une somme S, & l'une des parties de cette somme, il devrait diviser l'autre partie 1, ce qui est impossible. Donc, etc. ....

Formation d'une table de nombres premiers

Proposons-nous, par exemple de former la table des nombres premiers compris dans les 100 premiers nombres.

Nous écrivons la suite naturelle des nombres depuis 1 jusqu'à 100

1 2 3 4 5 6 7 8 9 10 11 12 13 14 15 16 17 18 19 20
21 22 23 24 25 26 27 28 29 30 31 32 33 34 35 36 37 38 39 40
41 42 43 44 45 46 47 48 49 50 51 52 53 54 55 56 57 58 59 60
61 62 63 64 65 66 67 68 69 70 71 72 73 74 75 76 77 78 79 80
81 82 83 84 85 86 87 88 89 90 91 92 93 94 95 96 97 98 99 100

1 et 2 satisfaisant à la définition des nombres premiers, sont premiers. Si nous parcourons notre liste en biffant les nombres de deux en deux, à partir de 2 exclusivement, nous bifferons ainsi tous les multiples de 2. En effet, chaque nombre diffère du précédent de une unité, par conséquent il diffère de celui qui le précède de deux rangs, de deux unités ; donc le nombre qui vient deux rangs après un nombre divisible par 2 est aussi divisible par 2. 3 n'ayant pas été biffé est un nombre premier, donc si nous parcourons de nouveau la liste à partir de 3 exclusivement et que nous biffions chaque 3e nombre qui n'aurait pas déjà été biffé comme multiple de 2 nous aurons biffé de cette manière tous les multiples de 3. En effet, chaque nombre diffère du précédent de une unité, celui qui se trouve au 3e rang est donc égal à 3+3 ou 2 fois 3, celui qui se trouve 3 rangs plus loin est égal à (3+3)+3 ou 3 fois 3 et ainsi de suite. Tous les multiples de 3 ainsi biffés, nous trouvons que le premier nombre non biffé après 3 est 5. Le nombre 5 n'étant divisible par aucun des nombres premiers 2 ou 3 moindres que lui-même est un nombre premier. En raisonnant comme précédemment nous serons conduits à biffer tous les nombres sur lesquels nous tomberons en comptant de 5 en 5 à partir de 5 exclusivement. Dans cette opération nous tomberons sur des nombres tels que 10, 20, etc qui seront déjà biffés comme multiples de 2 mais cela n'a évidemment aucun inconvénient. Le premier nombre non biffé après après 5 est 7 ; 7 est évidemment un nombre premier. Nous barrerons les multiples de 7, en comptant à partir de 7 exclusivement, et ainsi de suite.

Quand on forme une table de nombres premiers, de la manière que nous venons d'indiquer, on peut affirmer qu'un nombre non effacé est premier s'il est plus petit que le carré du dernier des nombres premiers dont on a effacé les multiples.

Supposons, par exemple, qu'on ait effacé les multiples de 2, de 3 et de 5 et qu'on soit arrivé au nombre premier 7. Je dis que tous les nombres non effacés sont premiers jusqu'à $7^2 = 49$

En effet, considérons le nombre 41. Ce nombre n'ayant pas été effacé comme multiple des nombres premiers 2, 3 ou 5 n'est divisible par aucun d'eux

Or nous savons que le plus petit diviseur de 41 est premier ; ce diviseur premier ne peut être moindre que 7. 41 est donc, s'il n'est pas premier, le produit d'un nombre premier au moins égal à 7 par un certain quotient q.

$$\frac{41}{7} = q \quad \Big| \quad 41 = 7 \times q$$

q est aussi un diviseur de 41 et ne saurait être inférieur à 7, on aurait donc

$$41 = 7 \times 7 = 49,$$

ce qui est absurde. Donc, etc....

Il résulte de ce qui précède que : 1° Pour former une table de nombres premiers, on abrège le travail en commençant à biffer à partir du carré du nombre premier auquel on est parvenu. Lorsque le carré est plus grand que le nombre qu'on a pris pour limite, l'opération est terminée, et les nombres non biffés qui restent sont premiers. Dans le cas particulier l'opération sera terminée lorsqu'on arrivera à 11 car le carré de 11 est 121 nombre supérieur à 100.

2° Pour reconnaître si un nombre est premier, il suffit de le diviser successivement par les nombres premiers 2, 3, 5, 7 ..... dont les carrés sont moindres que lui ; si aucune de ces divisions ne réussit, le nombre est premier. On sera évidemment averti que le carré du diviseur essayé est plus grand que le dividende, quand le quotient deviendra moindre que le diviseur. En effet, en désignant par A le dividende, D le diviseur, si A est moindre que D^2, le quotient sera évidemment plus grand que D.

Tout nombre qui divise un produit de deux facteurs et est premier avec l'un d'eux divise l'autre.

Soit 4 qui divise 56 produit des deux facteurs 7 et 8, et qui est premier avec 7, je dis qu'il doit diviser 8. Puisque 7 et 4 sont des nombres premiers

$$\left.\begin{matrix}7\\4\end{matrix}\right\}\ \text{p.g.c.d. } 1 \qquad \left.\begin{matrix}7\times 8\\4\times 8\end{matrix}\right|\ \text{p.g.c.d. } 1\times 8.$$

entre eux, leur p.g.c.d. est 1. Si l'on multiplie ces deux nombres par 8, le p.g.c.d. des produits obtenus 7×8 et 4×8 sera 1×8 ou 8. Or 4 divise 4×8, 4 divise 7×8 par hypothèse, donc 4 divise 8. C.Q.F.D.

Tout nombre premier qui divise un produit de deux facteurs divise nécessairement l'un d'eux.

Soit P un nombre premier qui divise le produit A×B, je dis qu'il doit diviser A ou B. En effet, s'il ne divise pas A, il est premier avec ce facteur, et en vertu du principe précédent, il doit diviser B. Si, au contraire, il ne divise pas B, il est premier avec B, et en vertu du même principe, il doit diviser A, donc P divise nécessairement A ou B.

Tout nombre premier absolu qui divise un produit d'un nombre quelconque de facteurs divise nécessairement l'un d'eux.

Soit un nombre premier 7 qui divise 8×15×42. Si 7 ne divise pas 8, il est premier avec ce nombre. Or, on peut considérer le produit $8 \times 15 \times 42$ comme le produit de 2 facteurs $8 (15 \times 42)$ & alors 7 ne divisant pas 8, devra diviser (15×42). Mais 7 divisant (15×42) doit nécessairement diviser 15 ou 42 d'après un principe précédent.

Tout nombre premier absolu qui divise une puissance d'un nombre divise ce nombre.

Soit 3 qui divise 9^4, je dis qu'il doit diviser 9. En effet $9^4 = 9 \times 9 \times 9 \times 9$. Or 3 divise 9^4, il doit donc diviser, d'après le principe précédent, l'un des facteurs, donc il doit diviser 9.

Lorsque 2 nombres sont premiers entre eux leurs puissances de degré quelconque sont premières entre elles.

Soient les 2 nombres 7 & 9 qui sont premiers entre eux, je dis que 7^3 est premier avec 9^4. En effet, s'il en était autrement, 7^3 & 9^4 admettraient un diviseur commun autre que l'unité, ce diviseur commun devrait, d'après le théorème précédent, diviser 7 & 9, les nombres 7 & 9 ne seraient donc pas premiers entre eux, ce qui est contraire à l'hypothèse. Donc, &c .....

Quand un nombre est premier avec un autre, il est premier avec les puissances de cet autre.

Soit 4, premier avec 7, je dis que 4 est aussi premier avec 7^3. En effet si 4 & 7^3 n'étaient pas premiers entre eux, ils admettraient un diviseur commun qui devrait diviser 7 & par suite 4 & 7. Alors les nombres 4 & 7 ne seraient pas premiers entre eux, ce qui est contraire à l'hypothèse.

Huitième Leçon

Suite de la théorie des nombres premiers applications.

Tout nombre premier avec les facteurs d'un produit est premier avec ce produit.

Soit $P = A \times B \times C$. Je dis que tout nombre N premier avec chacun des facteurs A, B & C du produit P est premier avec ce produit.

En effet, d'après un théorème précédent si N & P admettaient un diviseur commun d, par exemple, d devrait diviser au moins un des facteurs du produit P, ce qui est contraire

$N \quad P = A \times B \times C$
d

à l'hypothèse.

Réciproquement. – Tout nombre premier avec un produit est premier avec chacun de ses facteurs.

Soit $P = A \times B \times C$. Je dis que si un nombre N est premier avec P, N est aussi premier avec chacun des facteurs de P.

En effet, si N n'était pas premier avec A, par exemple, N & A admettraient au moins un diviseur commun d, d divisant A, devrait diviser P comme multiple de A, alors les

$N \quad P = A \times B \times C$
d

[illegible] et [illegible] ne seraient pas premiers entre eux, ce qui est contraire à l'hypothèse.

Tout nombre divisible par des nombres premiers entre eux est divisible par leur produit.

Soit, par exemple, le nombre 360 qui est divisible par chacun des nombres 4, 5 et 9 qui sont premiers entre eux ; je dis que 360 est divisible par le produit de ces nombres. En effet, puisque 4 divise 360, on a $\frac{360}{4} = 90$, d'où $360 = 90 \times 4$. Par hypothèse

$$\frac{360}{4} = 90 \;\Big|\; 360 = 4 \times 90 = 4 \times 5 \times 18 = 4 \times 5 \times 9 \times 2 = (4 \times 5 \times 9)\,2$$

$$\frac{90}{5} = 18 \;\Big|\; 90 = 5 \times 18 \qquad\qquad \frac{360}{(4 \times 5 \times 9)} = 2$$

$$\frac{18}{9} = 2 \;\Big|\; 18 = 9 \times 2$$

[illegible] divise aussi 360, donc il divise 90×4 et comme il est premier avec 4, il doit diviser 90, on a donc $\frac{90}{5} = 18$ d'où $90 = 5 \times 18$. Si dans l'égalité $360 = 90 \times 4$, nous remplaçons 90 par 5×18, on aura

$$360 = 4 \times 5 \times 18$$

Par hypothèse, 9 divise 360, donc il divise aussi $4 \times 5 \times 18$ et comme il est premier avec 5 et avec 4, il doit diviser 18, donc $\frac{18}{9} = 2$, d'où $18 = 9 \times 2$. Si dans l'égalité $360 = 4 \times 5 \times 18$, nous remplaçons 18 par sa valeur 9×2, on aura

$$360 = 4 \times 5 \times 9 \times 2$$

ce qui prouve que 360 est divisible par le produit des 3 nombres 9, 5 et 4, puisqu'ils entrent comme facteurs dans ce produit.

Divisibilité par 12, par 36, par 18, etc.

Il résulte du théorème précédent qu'un nombre est divisible par 12 quand il est divisible par 3 et par 4. En effet les nombres 3 et 4 sont premiers entre eux. De même, un nombre est divisible par 36 quand il est divisible par 9 et 4.

Tout nombre qui n'est pas premier est un produit de facteurs premiers.

Soit un nombre N non premier ; je dis qu'il est un produit de facteurs premiers. En effet, désignons par d le plus petit diviseur de N et par q le quotient de N par d, nous aurons $\frac{N}{d} = q$, d'où $N = dq$ (a)

Si q est premier, le théorème est démontré, car N est le produit de deux facteurs premiers. [Si] q n'est pas premier, il admet au moins un diviseur premier d', désignons par q' le quotient de q par d', nous aurons $\frac{q}{d'} = q'$; d'où $q = d'q'$. Remplaçant q par d'q' dans l'égalité (a), il vient $N = d \times d' \times q'$ (b). Si q' est premier, le théorème est démontré, car N [est] le produit de trois facteurs premiers. Si q' n'est pas premier, il admet au moins [un] diviseur premier d''. Désignons par q'' le quotient de q' par d'', nous aurons

$$\frac{q'}{d''} = q'' \;;\quad \text{d'où } q' = d''q''.$$

Remplaçons q' par d''q'' dans l'égalité (b), il vient

$$N = d \times d' \times d'' \times q''$$

Si q'' est premier, le théorème est démontré, car N est un produit de 4 facteurs premiers.

En continuant ainsi, on parviendra nécessairement à obtenir un produit qui sera un nombre premier, puisque tous ces divers quotients q, q', q'', etc. vont en diminuant et forment une suite limitée.

Décomposer un nombre en ses facteurs premiers

Soit à décomposer 360 en ses facteurs premiers.

Il suffit d'appliquer le principe précédent.

$$\frac{360}{2} = 180 \quad 360 = 2\times180 = 2\times2\times90 = 2\times2\times2\times45 = 2^3\times45 = 2^3\times3\times15 = 2^3\times3\times3\times5 = 2^3\times3^2\times5$$

$$\frac{180}{2} = 90 \quad 180 = 2\times90$$

$$\frac{90}{2} = 45 \quad 90 = 2\times45$$

$$\frac{45}{3} = 15 \quad 45 = 3\times15$$

$$\frac{15}{3} = 5 \quad 15 = 3\times5$$

Dans la pratique on dispose ainsi les calculs.

360	2
180	2
90	2
45	3
15	3
5	5

$$360 = 2^3\times3^2\times5.$$

Un nombre n'est décomposable qu'en un seul système de facteurs premiers

Supposons qu'un nombre N puisse être décomposé en deux séries de facteurs premiers et qu'on ait en même temps

$$N = a^2\times b\times c^3\times d \qquad N = a^3\times d^2\times m \qquad \text{d'où } a^2\times b\times c^3\times d = a^3\times d^2\times m$$

Divisant par m chaque membre, il vient

$$\frac{a^2\times b\times c^3\times d}{m} = a^3\times d^2$$

Or m est premier avec chacun des facteurs du produit $a^2\times b\times c^3\times d$ et ne saurait le diviser. Par suite de notre hypothèse, nous obtenons un résultat absurde. Donc…

On peut conclure des théorèmes précédents : Qu'un nombre n'est divisible par un autre qu'autant que les facteurs simples du diviseur se trouvent parmi les facteurs simples du dividende. Car si le diviseur renfermait d'autres facteurs premiers que ceux qui sont contenus dans le dividende, il en résulterait que le dividende pourrait se décomposer en 2 séries de facteurs premiers, ce qui est impossible. 2° Pour qu'un nombre en divise un autre, il faut qu'il ne contienne pas d'autres facteurs premiers que ceux qui sont contenus dans cet autre et qu'il ne les contienne pas un plus grand nombre de fois. 3° Que si après avoir décomposé un dividende en facteurs simples, on supprime dans le dividende tous les facteurs du diviseur, le produit des facteurs qui restent après cette suppression sera le quotient.

Recherche des diviseurs d'un nombre.

Soit à chercher tous les diviseurs composés du nombre 2520

2520	2	1 2 4 8 = 2^3
1260	2	3 6 12 24 = $2^3 \times 3$
630	2	9 18 36 72 = $2^3 \times 3^2$
315	3	5 10 20 40 = $2^3 \times 5$
105	3	15 30 60 120 = $2^3 \times 3 \times 5$
35	5	45 130 180 360 = $2^3 \times 3^2 \times 5$
7	7	7 14 28 56 = $2^3 \times 7$
1		21 42 84 168 = $2^3 \times 3 \times 7$
		63 126 252 504 = $2^3 \times 3^2 \times 7$
		35 70 140 280 = $2^3 \times 5 \times 7$
		105 210 420 840 = $2^3 \times 3 \times 5 \times 7$
		315 910 1260 2520 = $2^3 \times 3^2 \times 5 \times 7$

Je décompose d'abord ce nombre en facteurs premiers, ce qui donne $2520 = 2^3 \times 3^2 \times 5 \times 7$, puis j'écris sur une ligne horizontale les nombres 1, 2, 4, 8 qui sont évidemment diviseurs de 2520. Ensuite, je multiplie tous les termes de cette première ligne par le facteur 3 et j'obtiens une nouvelle ligne de diviseurs (3, 6, 12, 24) que je place respectivement au-dessous des précédents, mais le facteur 3 entrant deux fois comme facteur dans le nombre proposé, je multiplie de nouveau la 1e ligne par 3^2 ou 9, ce qui donne une troisième ligne (9, 18, 36, 72). Passant au facteur 5, je multiplie tous les nombres des 3 lignes précédentes par ce facteur et j'obtiens trois nouvelles lignes de diviseurs. Enfin, passant au facteur 7, je multiplie tous les nombres des six lignes précédentes par ce facteur, et j'obtiens six nouvelles lignes de diviseurs. J'ai donc en tout 12 lignes de chacune 4 nombres, ou 48 nombres qui sont autant de diviseurs de 2520. On voit facilement en vertu de ce qui a été démontré précédemment que tous les produits obtenus dans cette opération sont diviseurs du nombre proposé. Je dis en outre que le nombre 2520 n'admet pas d'autres diviseurs que ceux qui se trouvent dans le tableau ci-dessus. D'abord il n'a pas de diviseurs simples autres que 2^3, 3^2, 5 et 7, car on a vu qu'un nombre n'admet qu'un seul système de facteurs premiers. En second lieu, le nombre 2520 ne peut pas avoir un seul diviseur composé que celui-ci ne se trouve dans le tableau ci-dessus; en effet, tout diviseur composé est formé de la multiplication de diviseurs simples l'un par l'autre et comme on a trouvé tous les diviseurs qui peuvent provenir de la multiplication de diviseurs simples entre eux, 2^3, 3^2, 5 et 7, il en résulte que le nombre 2520 n'en admet pas d'autres.

Nombre des diviseurs d'un nombre.

Pour trouver le nombre des diviseurs d'un nombre, il suffit de multiplier entre eux les exposants de tous les diviseurs simples après avoir augmenté chacun d'eux d'une unité. – Soit à trouver tous les diviseurs de 2520.

Nous avons $2520 = 2^3 \times 3^2 \times 5 \times 7$. La 1e ligne de diviseurs dans le tableau ci-dessus est 1, 2, 2^2, 2^3 ou (3+1). Pour avoir les deux lignes suivantes, on a multiplié tous les nombres de la première ligne successivement par 3, puis par 3^2, donc on a formé 2 fois autant de diviseurs qu'on en avait déjà, ou $(3+1)\times 2$. Le nombre total des diviseurs est donc déjà égal à $(3+1)\times 2+(3+1)=(3+1)(2+1)$. Pour obtenir la 4e, la 5e & la 6e ligne de diviseurs, on a multiplié par 5 tous les diviseurs obtenus, de cette manière, on a encore obtenu $(3+1)\times(2+1)\times 1$ diviseurs. Le nombre des diviseurs obtenus jusqu'ici est donc $(3+1)\times(2+1)+(3+1)\times(2+1)\times 1$ ou $(3+1)\times(2+1)\times(1+1)$ ou $4\times 3\times 2$ & ainsi de suite, ce qui démontre le principe énoncé.

Recherche du plus grand commun diviseur de 2 ou plusieurs nombres par la décomposition en facteurs simples.

Pour trouver le p. g. c. d. de deux ou plusieurs nombres, il suffit de les décomposer en facteurs premiers & de former un produit unique avec tous les facteurs premiers communs de ces nombres, en affectant chacun d'eux de son plus petit exposant.

Soit à trouver le p. g. c. d. des nombres 360 & 240

Je décompose les nombres en leurs facteurs premiers, j'obtiens

$$360 = 2^3\times 3^2\times 5$$
$$240 = 2^4\times 3\times 5$$

Le produit des facteurs premiers communs à ces nombres est $2^3\times 3\times 5 = 120$

Je dis que 120 est le p. g. c. d. des deux nombres 360 & 240.

En effet, 1° ce produit, comme nous l'avons vu, est un commun diviseur aux 2 nombres; 2° Il ne pourrait être augmenté que par l'introduction d'un facteur qui ne serait pas dans l'un des deux nombres, d'où il en résulterait un produit qui ne le diviserait pas. Donc.....

Ce principe s'applique au p. g. c. d. d'autant de nombres qu'on voudra.

Recherche du plus petit commun multiple de deux ou plusieurs nombres.

Pour trouver le plus petit multiple commun de plusieurs nombres donnés, il faut décomposer chacun d'eux en facteurs premiers, ensuite faire le produit de tous les facteurs premiers différents ainsi obtenus, en donnant à chacun d'eux le plus grand exposant dont il est affecté dans les nombres proposés. Soit à trouver le plus petit commun multiple des nombres 48, 54 & 360, on a:

$$48 = 2^4\times 3$$
$$54 = 2\times 3^3$$
$$360 = 2^3\times 3^2\times 5$$

Plus petit commun multiple : $2^4\times 3^3\times 5 = 2160$.

2160 renferme tous les facteurs premiers différents qui existent dans les nombres donnés & il les renferme au moins à la plus haute des puissances dans laquelle ils entrent dans ces nombres, donc il est divisible par 48, 54 & 360. — 2160 est le plus petit commun multiple, car 1° ce nombre doit renfermer tous les facteurs premiers différents qui existent dans les nombres, en effet, s'il lui en manquait un seul, 5 par exemple, il ne serait plus multiple du nombre 360. 2° Il doit les renfermer au moins à la plus haute des puissances dans laquelle ils entrent dans les nombres donnés. Si 2160 ne renfermait par exemple, le facteur 2 qu'à la 3e puissance, ce nombre ne serait pas multiple de 48. D'où l'on voit que de la manière dont on a composé 2160, il serait impossible de composer un plus petit multiple des nombres 48, 54 et 360.

Connaissant le plus grand commun diviseur de plusieurs nombres, trouver les diviseurs communs à ces nombres.

Il suffit évidemment de décomposer le plus grand commun diviseur en ses facteurs premiers; et les facteurs premiers du p. g. c. d. seront les diviseurs communs des nombres donnés.

Le produit des deux nombres est égal au plus petit commun multiple de ces nombres, multiplié par leur p. g. c. d.

$$A = 2^3 \times 3 \times 5^3 \times 7$$
$$B = 2 \times 3^2 \times 5$$
$$A \times B = 2^3 \times 3 \times 5^2 \times 7 \times 2 \times 3^2 \times 5 = 2^4 \times 3^3 \times 5^3 \times 7$$

$$\text{p.g.c.d.} = 2 \times 3 \times 5$$
$$\text{p.p.c.m.} = 2^3 \times 3^2 \times 5^2 \times 7$$
$$\text{p.g.c.d.} \times \text{p.p.c.m.} = 2 \times 3 \times 5 \times 2^3 \times 3^2 \times 5^2 \times 7 = 2^4 \times 3^3 \times 5^3 \times 7$$

Si deux nombres A et B divisés par le même nombre C donnent des restes égaux, A-B est divisible par C.

$$\frac{A}{C} = q + r \quad \frac{B}{C} = q' + r \quad \Big| \quad A = C \times q + r \quad B = C \times q' + r \quad \Big| \quad A - B = Cq + r - Cq' - r = Cq - Cq' = C(q - q'); \text{ d'où } \frac{A-B}{C} = q - q'$$

q et q' sont deux nombres entiers, leur différence est alors un nombre entier et C divise A-B. C. Q. F. D.

Si un nombre N divise la somme de deux autres nombres A et B ainsi que leur produit A×B, N divise A×B+(A+B)

$$\frac{A+B}{N} = q \quad \frac{A \times B}{N} = q' \quad \Big| \quad A + B = Nq \quad A \times B = Nq' \quad \Big| \quad (A+B) + A \times B = Nq + Nq' = N(q + q'); \text{ d'où } \frac{(A+B) + A \times B}{N} = q + q'$$

q et q' étant des nombres entiers, leur somme est aussi un nombre entier et N divise (A+B)+A×B. C. Q. F. D.

Neuvième Leçon

Fractions ordinaires.

(Voir les différentes définitions que nous avons déjà données à la page 19.)

Le numérateur et le dénominateur s'appellent les termes de la fraction. Une fraction est une quantité plus petite que l'unité, souvent, cependant, on donne le nom de fractions à des expressions de même forme, mais plus grandes que l'unité Ex $\frac{9}{7}$. De la définition de la fraction et des termes qui la composent, il résulte, 1° que si le numérateur est égal au dénominateur la fraction est égale à l'unité. En effet, dans ce cas, le numérateur indique que l'on prend toutes les parties en lesquelles on a divisé l'unité, donc on a l'unité tout entière. 2° que si le numérateur est plus petit que le dénominateur, la fraction est plus petite que l'unité, car alors le numérateur indique que l'on prend moins de parties que l'on en a fait dans l'unité. 4° que plus le numérateur d'une fraction est grand, plus la fraction est grande, 5° que plus le numérateur d'une fraction est grand, plus la fraction est petite. 6° Que plus le dénominateur d'une fraction est petit, plus la fraction est petite, car alors plus les parties sont petites, 7° que plus le dénominateur d'une fraction est petit, plus la fraction est grande, car alors plus les parties sont grandes, ainsi $\frac{5}{[illegible]}$ est une fraction plus grande que $\frac{5}{7}$, 8° enfin qu'une fraction dont le numérateur est le $\frac{1}{2}$ [illegible] du dénominateur, vaut $\frac{1}{3}$, qu'une fraction dont le numérateur est le $\frac{1}{4}$ du dénominateur vaut $\frac{1}{4}$ [illegible].

Si l'on multiplie le numérateur d'une fraction par un certain nombre on rend la fraction ce même nombre de fois plus grande.

Soit la fraction $\frac{5}{7}$. Si l'on multiplie par 3 le numérateur 15, on a $\frac{15}{7}$ fraction 3 fois plus grande que $\frac{5}{7}$. En effet, en multipliant le numérateur 5 par 3 on le rend trois fois plus grand. Il indique par conséquent que l'on prend trois fois plus de parties de l'unité, et comme ces parties sont toujours des septièmes il s'ensuit que la fraction $\frac{15}{7}$ est trois fois plus grande que $\frac{5}{7}$. C. Q. F. D.

Si l'on divise le numérateur d'une fraction par un certain nombre on rend la fraction ce même nombre de fois plus petite.

Soit la fraction $\frac{12}{7}$. Si l'on divise le numérateur 12 par 4, on obtiendra $\frac{3}{7}$ fraction 4 fois plus petite que $\frac{12}{7}$. En effet, en divisant le nombre entier 12 par 4, on rend [illegible] ce nombre 4 fois plus petit. Il indique par conséquent que l'on prend 4 fois moins de parties de l'unité, et comme ces parties sont toujours des septièmes, il s'ensuit que la fraction $\frac{3}{7}$ est 4 fois plus petite que $\frac{12}{7}$. C. Q. F. D.

Si l'on multiplie le dénominateur d'une fraction par un certain nombre on rend la fraction ce nombre de fois plus petite.

Soit la fraction $\frac{7}{12}$, si on multiplie par 4 le dénominateur 12, on obtiendra $\frac{7}{48}$ fraction 4 fois plus petite que $\frac{7}{12}$. En effet, le dénominateur 48 étant 4 fois [illegible] grand que 12, il en résulte que l'unité est divisée en 4 fois plus de parties dans la 2e fraction que dans la 1e. Or puisque l'unité est divisée en 4 fois plus de parties, il est bien évident que les parties sont 4 fois plus petites dans la fraction $\frac{7}{48}$ que dans la fraction $\frac{7}{12}$. Comme on en prend toujours 7 parties, c'est-à-dire le même nombre dans l'une et dans l'autre fraction, il est clair que la fraction $\frac{7}{48}$ est 4 fois plus petite que la fraction $\frac{7}{12}$. C. Q. F. D.

Si l'on divise le dénominateur d'une fraction par un certain nombre, la fraction devient ce nombre de fois plus grande.

Soit la fraction $\frac{3}{8}$. Si on divise par 2 le dénominat.r 8, on obtiendra $\frac{3}{4}$, fraction 2 fois plus grande que $\frac{3}{8}$. En effet, dans $\frac{3}{8}$ l'unité est divisée en 8 parties égales; dans la fraction $\frac{3}{4}$, l'unité est divisée en 4 parties égales, c.-à-d. en 2 fois moins de parties égales que dans la fraction $\frac{3}{8}$. Les parties sont donc deux fois plus grandes dans la fraction $\frac{3}{4}$; donc cette dernière est deux fois plus grande que $\frac{3}{8}$, puisque, dans l'une et dans l'autre, on prend le même nombre de parties.

Si l'on multiplie les 2 termes d'une fraction par un même nombre, cette fraction ne change pas de valeur.

En effet, en multipliant son numérateur, on la rend un certain nombre de fois plus grande, en multipliant son dénominateur par le même nombre, on rend la fraction autant de fois plus petite qu'elle avait été rendue de fois plus grande. Elle n'a donc pas changé de valeur.

Si l'on divise les deux termes d'une fraction par un certain nombre, cette fraction ne change pas de valeur.

En effet, en divisant son numérateur, on la rend un certain nombre de fois plus petite, en divisant son dénominateur par le même nombre, on rend la fraction autant de fois plus grande qu'elle avait été rendue de fois plus petite, elle n'a donc pas changé de valeur.

Pour extraire les entiers contenus dans une expression fractionnaire, on divise le numérateur par le dénominateur.

Le quotient entier est le nombre des unités contenu dans le nombre ou expression fractionnaire; à ce nombre entier on joint une fraction qui a pour numérateur le reste de la division et pour dénominateur le diviseur. Soit, par exemple, à extraire les entiers contenus dans $\frac{48}{9}$. Chaque unité vaut $\frac{9}{9}$, autant de fois il y a 9 dans 48, autant il y a par conséquent d'unités dans ce dernier nombre. En 48, il y a 5 fois 9 et il reste 3. En 48 neuvièmes, il y a 5 fois neuf neuvièmes ou 5 unités et de plus 3 neuvièmes, ce qui prouve l'exactitude de la règle énoncée.

Pour réduire un nombre entier accompagné d'une fraction, le tout en fraction, on multiplie l'entier par le dénominateur de la fraction, au produit on ajoute le numérateur, et on donne à la somme, pour dénominateur, le dénominateur de la fraction proposée.

Soit, par exemple, à réduire en quinzièmes le nombre fractionnaire $28+\frac{12}{15}$. On raisonne ainsi : chaque unité valant $\frac{15}{15}$, 28 unités valent 28 fois quinze quinzièmes, ou 420 quinzièmes. 420 quinzièmes ajoutés à 12 quinzièmes donnent 432 quinzièmes. On indique ainsi les calculs :

$$28+\frac{12}{15}=\frac{28\times 15+12}{15}=\frac{432}{15}.$$

Ce raisonnement prouve aussi que pour convertir un nombre entier en fraction ordinaire, il faut multiplier le nombre entier par le dénominateur de la fraction de la fraction et donner au produit ce même dénominateur.

Ainsi, 34 entiers valent en vingtièmes $\frac{34\times 20}{20}=\frac{680}{20}$.

Convertir une fraction ou une expression fractionnaire en une autre fraction ou en une autre expression fractionnaire dont le dénominateur soit donné.

Soit, par exemple, à convertir en quarts l'expression $\frac{28}{20}$. Je mets cette expression sous la forme $\frac{\frac{28}{20}\times 4}{4}$ cette expression n'a pas changé de valeur puisque on l'a multipliée et divisée par le même nombre. J'effectue les calculs indiqués au numérateur $\frac{28}{20}\times 4$ et j'ai $\frac{28\times 4}{20}=\frac{112}{20}=5$ plus un reste. Remplaçant le numérateur $\frac{28}{20}\times 4$ par 5, nous aurons $\frac{5}{4}$ pour résultat, expression qui vaut $\frac{28}{20}$ à moins d'un quart près ; c'est-à-dire qu'il n'y a pas $\frac{1}{4}$ de différence entre les expressions $\frac{28}{20}$ et $\frac{5}{4}$. On voit donc que dans ce cas, et il en serait de même dans beaucoup d'autres, la fraction proposée ne peut pas être exactement transformée en une autre fraction ayant un dénominateur donné ; elle ne peut l'être qu'approximativement. — L'opération pourra se faire exactement toutes les fois qu'en multipliant ou en divisant les deux termes de la fraction proposée par un même nombre, on obtiendra pour résultat une fraction ayant le dénominateur donné. Ainsi, si l'on propose de réduire $\frac{3}{4}$ en douzièmes, on aura :

$$\frac{3}{4}=\frac{3\times 3}{4\times 3}=\frac{9}{12}$$

$\frac{5}{7}$ vaudraient, en vingt et unièmes

$$\frac{5}{7}=\frac{5\times 3}{7\times 3}=\frac{15}{21}$$

$\frac{12}{24}$, vaudraient, en douzièmes :

$$\frac{12:2}{24:2}=\frac{6}{12}$$

Une fraction peut être regardée comme le quotient de la division de son numérateur par son dénominateur.

effet, supposons qu'il s'agisse de diviser 5 par 8 — Diviser 5 par 8, c'est prendre la 8ème partie de 5. On aurait évidemment la 8e partie de 5 en prenant la 8e partie de chacune des unités qui composent le nombre 5, ce qui donne la fraction $\frac{5}{8}$

Si l'on multiplie une fraction par son dénominateur, on obtient pour produit le numérateur.

En effet, soit la fraction $\frac{5}{8}$, cette fraction peut être considérée comme exprimant la 8e partie de 5, or il est évident qu'en prenant 8 fois le $1/8$ de 5, on obtient pour produit 5.

$\frac{5}{8}$ de 1

$$1 = \frac{1}{8} + \frac{1}{8} + \frac{1}{8} + \frac{1}{8} + \frac{1}{8} + \frac{1}{8} + \frac{1}{8} + \frac{1}{8}$$
$$1 = \frac{1}{8} + \frac{1}{8} + \frac{1}{8} + \frac{1}{8} + \frac{1}{8} + \frac{1}{8} + \frac{1}{8} + \frac{1}{8}$$
$$1 = \frac{1}{8} + \frac{1}{8} + \frac{1}{8} + \frac{1}{8} + \frac{1}{8} + \frac{1}{8} + \frac{1}{8} + \frac{1}{8}$$
$$1 = \frac{1}{8} + \frac{1}{8} + \frac{1}{8} + \frac{1}{8} + \frac{1}{8} + \frac{1}{8} + \frac{1}{8} + \frac{1}{8}$$
$$1 = \frac{1}{8} + \frac{1}{8} + \frac{1}{8} + \frac{1}{8} + \frac{1}{8} + \frac{1}{8} + \frac{1}{8} + \frac{1}{8}$$

$1/8$ de 5 unités

Une fraction proprement dite devient plus grande quand on augmente ses deux termes d'une même quantité.

Soit la fraction $\frac{5}{8}$, si j'ajoute 4 au numérateur et au dénominateur, j'aurai la fraction $\frac{9}{12}$. Je compare ces deux fractions à l'unité. Il manque $\frac{3}{8}$ à $\frac{5}{8}$ pour recomposer l'unité, tandis qu'il ne manque que $\frac{3}{12}$ à $\frac{9}{12}$ pour valoir l'unité. Comme $1/12$ est plus petit que $\frac{1}{8}$, $\frac{3}{12}$ sont plus petits que $\frac{3}{8}$ et la fraction $\frac{9}{12}$ se rapproche plus de l'unité que $\frac{5}{8}$. La fraction $\frac{9}{12}$ est donc plus grande que la fraction $\frac{5}{8}$. C.Q.F.D.

On démontrerait de la même manière qu'une fraction devient plus petite quand on diminue ses deux termes d'une même quantité.

Une expression fractionnaire, c'est-à-dire une fraction dont le numérateur est plus grand que le dénominateur diminue de valeur quand on ajoute un même nombre à ses 2 termes (à démontrer)

Une expression fractionnaire augmente de valeur quand on retranche un même nombre à ses deux termes. (à démontrer)

Nous allons démontrer d'une manière générale les principes précédents.

Lorsqu'on ajoute un même nombre aux 2 termes d'une fraction, cette fraction augmente ou diminue, suivant qu'elle est plus petite ou plus grande que l'unité.

Soit la fraction $\frac{a}{b}$. Si j'ajoute le même nombre m à ses deux termes, il vient

$$\frac{a+m}{b+m}$$

Je réduis ces 2 fractions $\frac{a}{b}$ et $\frac{a+m}{b+m}$ au même dénominateur afin de pouvoir les comparer.

Elles deviennent:

$$\frac{ab+am}{b(b+m)} \quad \text{et} \quad \frac{ba+bm}{b(b+m)}.$$

Je compare les numérateurs: ils ont le terme commun ab; je compare donc am et bm: si a est plus petit que b, am est plus petit que bm, par suite $ab+am$ est plus petit que $ba+bm$ et la fraction $\frac{ab+am}{b(b+m)}$ est $< \frac{ba+bm}{b(b+m)}$ ou la fraction $\frac{a}{b} < \frac{a+m}{b+m}$.

Si au contraire a est $> b$, $am > bm$, $ab+am$ est $> ba+bm$ et la fraction $\frac{ab+am}{b(b+m)}$ est $> \frac{ba+bm}{b(b+m)}$ ou la fraction $\frac{a}{b} > \frac{a+m}{b+m}$. Ainsi la fraction augmente quand elle est moindre que l'unité, et elle diminue dans le cas contraire.

Dans les deux cas elle se rapproche de l'unité.

Lorsqu'on retranche un même nombre aux deux termes d'une fraction cette fraction diminue ou augmente suivant qu'elle est plus petite ou plus grande que l'unité.

Dans les deux cas, elle s'éloigne de l'unité. (à démontrer)

Lorsque deux ou plusieurs fractions sont égales, la fraction obtenue en les ajoutant terme à terme est égale à chacune d'elles.

Soient les fractions $\frac{a}{b} = \frac{c}{d} = \frac{m}{n} = \frac{p}{q}$.

Je dis que: $\frac{a+c+m+p}{b+d+n+q} = \frac{a}{b} = \frac{c}{d} = \frac{m}{n} = \frac{p}{q}$.

En effet, désignons par q' la valeur de chacune d'elles, on a:

$$\left.\begin{array}{l} \frac{a}{b} = q' \\ \frac{c}{d} = q' \\ \frac{m}{n} = q' \\ \frac{p}{q} = q' \end{array}\right\} \text{d'où} \left\{\begin{array}{l} a = bq' \\ c = dq' \\ m = nq' \\ p = qq' \end{array}\right\} \text{d'où } a+c+m+p = q'(b+d+n+q) \text{: d'où } \frac{a+c+m+p}{b+d+n+q} = q' = \frac{a}{b} = \frac{c}{d} = \frac{m}{n} = \frac{p}{q}$$

C.Q.F.D.

Lorsque 2 ou plusieurs fractions sont inégales, la fraction obtenue en les ajoutant terme à terme est comprise entre la plus grande et la plus p.

Soient les fractions $\frac{a}{b}$, $\frac{c}{d}$, $\frac{m}{n}$ et $\frac{p}{q}$, telles que l'on ait $\frac{a}{b} < \frac{c}{d} < \frac{m}{n} < \frac{p}{q}$

Je dis que $\frac{a+c+m+p}{b+d+n+q} > \frac{a}{b}$ et que $\frac{a+c+m+p}{b+d+n+q} < \frac{p}{q}$

En effet,

$$\left.\begin{array}{l} \frac{a}{b} = \frac{a}{b} \\ \frac{c}{d} > \frac{a}{b} \\ \frac{m}{n} > \frac{a}{b} \\ \frac{p}{q} > \frac{a}{b} \end{array}\right| \text{d'où} \left.\begin{array}{l} a = b \times \frac{a}{b} \\ c > d \times \frac{a}{b} \\ m > n \times \frac{a}{b} \\ p > q \times \frac{a}{b} \end{array}\right\} \text{d'où } a+c+m+p > \frac{a}{b}(b+d+n+q) \text{; d'où}$$

$$\frac{a+c+m+p}{b+d+n+q} > \frac{a}{b}$$

$$\left.\begin{array}{l}\frac{p}{q}=\frac{p}{q}\\ \frac{m}{n}<\frac{p}{q}\\ \frac{c}{d}<\frac{p}{q}\\ \frac{a}{b}<\frac{p}{q}\end{array}\right\}\text{d'où}\quad\left.\begin{array}{l}p=\frac{p}{q}\times q\\ m<\frac{p}{q}\times n\\ c<\frac{p}{q}\times d\\ a<\frac{p}{q}\times b\end{array}\right\}\text{d'où } a+c+m+p<\frac{p}{q}(b+d+n+q)\ ;\ \text{d'où}$$

$$\frac{a+c+m+p}{b+d+n+q}<\frac{p}{q}$$

C. Q. F. D.

En ajoutant une fraction à elle-même terme à terme, on ne change pas sa valeur.

En effet, cela revient à multiplier ses 2 termes par 2.

Réduction des fractions au même dénominateur.

Réduire des fractions au même dénominateur, c'est faire en sorte de leur donner à toutes le même dénominateur, sans que pour cela elles changent de valeur.

Pour réduire des fractions au même dénominateur, on s'appuie sur les deux principes suivants.

1° Une fraction ne change pas de valeur quand on multiplie ou quand on divise ses deux termes par un même nombre.

2° Le produit d'un nombre quelconque de facteurs reste le même dans quelque ordre qu'on effectue la multiplication.

Réduire deux fractions au même dénominateur.

Règle. Pour réduire deux fractions, au même dénominateur, on multiplie les deux termes de la 1ère par le dénominateur de la seconde, et les deux termes de la seconde par le dénominateur de la 1re.

Soit, par exemple, à réduire au même dénominateur les fractions $\frac{2}{3}$ et $\frac{5}{7}$.

On a :

$$\frac{2}{3}=\frac{2\times7}{3\times7}=\frac{14}{21}$$

$$\frac{5}{7}=\frac{5\times3}{7\times3}=\frac{15}{21}$$

En opérant ainsi, on ne change pas la valeur de chaque fraction, car on multiplie ses deux termes par un même nombre et l'on est sûr d'avoir le même dénominateur pour les deux fractions, car on voit facilement que chaque dénominateur nouveau est le produit des dénominateurs des fractions données, seulement l'ordre de multiplication de ces dénominateurs est différent dans chaque fraction ; mais comme nous l'avons démontré, cela ne change rien au produit.

Réduire un nombre quelconque de fractions au même dénominateur.

Règle. Pour réduire plus de deux fractions au même dénominateur, il suffit de multiplier les deux termes de chacune par les dénominateurs de toutes les autres.

Soient, par exemple, les fractions $\frac{2}{3}$, $\frac{3}{4}$, $\frac{4}{5}$ et $\frac{11}{12}$ à réduire au même dénominateur.

On a:

$$\frac{2}{3}=\frac{2\times4\times5\times12}{3\times4\times5\times12}=\frac{480}{720}$$
$$\frac{3}{4}=\frac{3\times3\times5\times12}{4\times3\times5\times12}=\frac{540}{720}$$
$$\frac{4}{5}=\frac{4\times3\times4\times12}{5\times3\times4\times12}=\frac{576}{720}$$
$$\frac{11}{12}=\frac{11\times3\times4\times5}{12\times3\times4\times5}=\frac{660}{720}$$

Réduire des fractions au même numérateur

Des démonstrations analogues aux précédentes prouveraient que pour réduire deux fractions au même numérateur, il faut multiplier les deux termes de la 1e par le numérateur de la seconde, et les deux termes de la seconde par le numérateur de la 1e; et que pour réduire plus de deux fractions au même numérateur, il faut multiplier les deux termes de chacune d'elles par les numérateurs de toutes les autres.

La règle que nous venons de donner pour réduire des fractions au même dénominateur conduit ordinairement à des fractions dont les termes sont très grands, et les calculs qu'on a à faire deviennent trop longs et susceptibles d'erreurs.

Lorsque les dénominateurs primitifs renferment des facteurs communs, il est possible d'obtenir un nombre beaucoup plus petit que leur produit, qui sera le dénominateur commun à toutes les fractions.

Pour trouver ce dénominateur commun, on commence par réduire les fractions à leur plus simple expression et l'on détermine le plus petit commun dividende, autrement dit le plus petit commun multiple des dénominateurs des fractions proposées. Ce plus petit commun dividende est plus petit dénominateur commun auquel on puisse réduire les fractions. Soit proposé de réduire au plus petit dénominateur commun possible, les fractions suivantes: $\frac{7}{300}$, $\frac{5}{504}$ et $\frac{11}{84}$

Le plus petit commun dividende des dénominateurs est: $2^3\times3^2\times5^2\times7=12600$

Ce nombre 12600 peut être pris pour plus petit dénominateur des fractions proposées. Pour obtenir le numérateur de chaque fraction, on divise le dénominateur commun par le dénominateur de la fraction sur laquelle on opère et l'on multiplie le numérateur par le quotient.

On dispose ainsi les calculs:

$$12600\quad\begin{array}{r|l} 42 & \frac{7}{300}=\frac{7\times42}{300\times42}=\frac{294}{12600} \\ 25 & \frac{5}{504}=\frac{5\times25}{504\times25}=\frac{125}{12600} \\ 150 & \frac{11}{84}=\frac{11\times150}{84\times150}=\frac{1650}{12600} \end{array}$$

$$\begin{array}{l} 300=2^2\times3\times5^2 \\ 504=2^3\times3^2\times7 \\ 84=2^2\times3\times7 \end{array}\left\{\begin{array}{l} \text{p. p. c. m}=2^3\times3^2\times5^2\times7=12600 \\ \text{quot. de 12600 par } 300=2\times3\times7=42 \\ \quad\text{"}\qquad\text{"}\quad 504=5^2=25 \\ \quad\text{"}\qquad\text{"}\quad 84=2\times3\times5^2=150 \end{array}\right.$$

Les fractions sont réduites à $\frac{294}{12600}$, $\frac{125}{12600}$, $\frac{1650}{12600}$.

La marche que nous venons d'indiquer pour réduire des fractions au plus petit dénominateur commun possible présenterait quelques difficultés pour les commençants nous allons en donner une autre plus simple & à la portée de tous.

D'abord il peut arriver que le plus grand dénominateur soit exactement divisible par tous les autres, alors on effectue ces divisions, & l'on multiplie le numérateur de chaque fraction par le quotient du plus grand dénominateur, par le dénominat. de la fraction sur laquelle on opère, & l'on donne pour dénominateur commun à chaque fraction ce plus grand dénominateur.

Soient à réduire au même dénominateur les fractions $\frac{3}{8}$, $\frac{5}{12}$, $\frac{7}{16}$, & $\frac{4}{48}$

On voit facilement que 48 est divisible par chacun des trois autres dénominateurs 8, 12 & 16. Cela posé, on effectue successivement ces divisions & l'on place les quotients à côté de chaque fraction, après quoi l'on multiplie les 2 termes de chacune d'elles par le nombre qui lui correspond, en laissant telle qu'elle était la fraction $\frac{4}{48}$, & toutes les fractions se trouvent ainsi réduites au même dénominateur 48.

On dispose les calculs de la manière suivante:

48	6	$\frac{3}{8} = \frac{18}{48}$
	4	$\frac{5}{12} = \frac{20}{48}$
	3	$\frac{7}{16} = \frac{21}{48}$
	1	$\frac{4}{48} = \frac{4}{48}$

Quand le plus grand dénominateur n'est pas divisible exactement par tous les autres, il arrive quelquefois qu'en le multipliant par 2, 3, 4 &c, on obtient un produit divisible exactement par tous les dénominateurs, dans ce cas il y a encore lieu à simplification. Une fois qu'on a obtenu ce nombre divisible par tous les dénominateurs, on opère comme précédemment.

Soit à réduire au même dénominateur les fractions $\frac{4}{6}$, $\frac{5}{18}$, $\frac{2}{24}$, $\frac{7}{36}$. Le dénominateur 36 est divisible par les facteurs 6 & 9, & ne l'est pas par 24, mais en multipliant 36 par 2, on obtient 72, nombre qui est divisible par chacun des dénominateurs des fractions proposées.

72	12	$\frac{4}{6} = \frac{48}{72}$
	4	$\frac{5}{18} = \frac{20}{72}$
	3	$\frac{2}{24} = \frac{6}{72}$
	2	$\frac{7}{36} = \frac{14}{72}$

Il faut remarquer aussi que tout multiple commun des dénominateurs des fractions données, peut leur être donné pour dénominateur commun. — Quelquefois, on reconnaît qu'un dénominateur ou qu'un autre nombre quelconque est multiple de plusieurs dénominateurs sans l'être de tous; dans ce cas, il est bien évident que pour rendre ce dénominateur ou le nombre dont il vient d'être question, multiple de tous les autres, il suffit de le multiplier par le produit des dénominateurs dont il n'est pas multiple.

Exemple. *Réduire au même dénominateur les fractions* $\frac{3}{4}$, $\frac{5}{6}$, $\frac{2}{5}$, $\frac{7}{24}$

Je remarque que 24 est un multiple de 4 & de 6 mais qu'il n'est pas multiple de 5, je multiplie donc ce nombre par 5 & j'ai 24 x 5 = 120. Ce nombre 120 est évidemment multiple de tous les dénominateurs donnés, & peut être pris pour dénominateur commun. Quand les fractions ne sont pas réduites à leur plus simple expression, on peut quelquefois les réduire au même dénominateur en procédant par la division. Ex. Réduire au même dénominateur les fractions $\frac{4}{8}$ et $\frac{12}{16}$

$$120\begin{cases} 30 & \frac{3}{4}=\frac{3\times30}{4\times30}=\frac{90}{120} \\ 20 & \frac{5}{6}=\frac{5\times20}{6\times20}=\frac{100}{120} \\ 24 & \frac{2}{5}=\frac{2\times24}{5\times24}=\frac{48}{120} \\ 5 & \frac{7}{24}=\frac{7\times5}{24\times5}=\frac{35}{120} \end{cases}$$

$$\frac{4}{8}=\dots\frac{4}{8} \qquad \frac{12}{16}=\frac{12:2}{16:2}=\frac{6}{8}$$

Il est utile de réduire des fractions au même dénominateur pour les transformer en quantités de même espèce, par suite comparables et susceptibles d'être combinées entre elles.

Réduction des fractions à leur plus simple expression

Simplifier une fraction, c'est la remplacer par une fraction égale ayant des termes moindres. Réduire une fraction à sa plus simple expression, c'est la ramener aux plus petits termes possibles, sans que pour cela elle change de valeur. Pour réduire une fraction à sa plus simple expression, deux méthodes se présentent. La première consiste à diviser les deux termes par les diviseurs qu'ils peuvent avoir, en commençant généralement par les plus petits. — La seconde consiste à diviser les deux termes par leur plus grand commun diviseur. Dans l'un et l'autre cas, la fraction conserve sa valeur primitive, puisque nous avons vu qu'une fraction ne change pas de valeur quand on divise ses deux termes par un même nombre. Soit, par exemple, la fraction $\frac{54}{72}$ à réduire à sa plus simple expression. Les deux termes de cette fraction étant terminés par un chiffre pair, sont divisibles par 2, je les divise alors par 2 et j'obtiens $\frac{54}{72}=\frac{27}{36}$. Les deux termes de la fraction $\frac{27}{36}$ n'étant pas terminés par un chiffre pair, ne sont plus divisibles par 2, mais on peut les diviser l'un et l'autre par 3, puisque la somme des chiffres est divisible par 3. Effectuant les divisions, on a $\frac{9}{12}$, fraction dont les 2 termes sont encore divisibles par 3; effectuant ces nouvelles divisions, on obtient $\frac{3}{4}$, fraction égale à $\frac{54}{72}$. — D'après la seconde méthode, on cherche le plus grand commun diviseur entre les deux termes de la fraction et l'on divise ces deux termes par ce p. g. c. d. Dans l'exemple précédent, le p. g. c. d. entre 54 et 72 est 18. On a donc $\frac{54:18}{72:18}=\frac{3}{4}$

Remarque sur la première méthode. Quelquefois au lieu de diviser successivement les deux termes de la fraction par ses plus petits diviseurs, pour diminuer le nombre des opérations, on les divise au contraire par les plus grands si on peut reconnaître ces diviseurs. Ainsi, si les deux termes d'une fraction sont terminés par des zéros, au lieu de les diviser par 2 et par 5, on les divise tout d'abord par 10, par 100, etc. Si les deux termes sont divisibles par 8, on les divisera par ce dernier nombre, au lieu de les diviser 3 fois par 2, &c....

On dit qu'une fraction est irréductible lorsqu'elle ne peut être exprimée par des termes moindres que les siens.

Pour qu'une fraction soit irréductible, il faut & il suffit que ses termes soient premiers entre eux.

1° Cette condition est nécessaire : car s'il en était autrement, les termes de la fraction proposée auraient au moins un diviseur commun plus grand que l'unité, donc la fraction ne serait pas irréductible.

2° Cette condition est suffisante. Nous allons démontrer, en effet que quand les termes d'une fraction sont premiers entre eux, toute fraction égale a pour termes des équi-multiples des termes de cette fraction donnée.

Soit la fraction $\frac{5}{7}$ dont les termes 5 & 7 sont premiers entre eux ; supposons que l'on ait $\frac{a}{b}=\frac{5}{7}$. Si nous réduisons ces fractions au même dénominateur, nous aurons :

$$\frac{a\times 7}{b\times 7}=\frac{5\times b}{7\times b}\text{ ; d'où } a\times 7=5\times b.$$

Le nombre 5 divisant le produit $5\times b$, divise aussi $a\times 7$, mais 5 est premier avec 7, donc il doit diviser a, par conséquent $a=5\times q$. (q étant le quotient de a par 5).

Si dans l'égalité $a\times 7=5\times b$, on remplace a par sa valeur, il vient :

$$5\times q\times 7=5\times b\text{ ;}$$

en divisant par 5 les deux membres de cette dernière égalité, on a $q\times 7=b$, donc la fraction $\frac{a}{b}=\frac{5\times q}{7\times q}$, par conséquent les termes de cette dernière sont des équimultiples des termes de la fraction $\frac{5}{7}$. Comme dans tous les cas, q sera au moins égal à 1 aucune fraction $\frac{a}{b}$, égale à $\frac{5}{7}$ n'a des termes moindres que 5 & que 7.– Lors donc qu'une fraction a ses termes premiers entre eux, elle est irréductible. Il résulte de cette démonstration que lorsqu'on réduit une fraction à sa plus simple expression par les divisions successives, la fraction n'est réduite que quand on est tombé sur des termes premiers entre eux. Et lorsqu'on réduit une fraction à sa plus simple expression par la méthode du p. g. c. d. on a bien réellement la plus simple expression possible quand les deux termes ont été divisés par ce p. g. c. d., car on a démontré que quand on divise les deux termes d'une fraction par leur p. g. c. d., on a pour quotients des nombres premiers entre eux.

Il résulte également de ce qui précède que quand deux fractions irréductibles sont égales, leurs termes doivent être égaux chacun à chacun.– Soient, en effet, les deux fractions irréductibles $\frac{7}{11}$ & $\frac{a}{b}$. Ces deux fractions étant égales & irréductibles, on doit avoir $a=7\times q$, $b=11\times q$, q étant un nombre entier. Mais, d'après notre hypothèse, on doit avoir $q=1$, car autrement si a & b admettaient un diviseur commun q, autre que 1, la fraction $\frac{a}{b}$ ne serait pas irréductible, ce qui est contre l'hypothèse donc on a, a = 7 & b = 11

Deux fractions égales réduites à leur plus simple expression donnent lieu à la même fraction irréductible terme pour terme. Ou autrement on arrive à la même fraction irréductible terme pour terme, de quelque manière qu'on s'y prenne pour réduire une fraction à sa plus simple expression.

Pour obtenir toutes les fractions égales à une fraction donnée, il suffit de réduire cette fraction à sa plus simple expression, puis de multiplier les deux termes de la fraction irréductible par les nombres 1, 2, 3, 4 etc.

Dixième leçon

Suite des fractions _ Addition

L'addition des fractions présente 3 cas:

1er Cas. Les fractions ont le même dénominateur;

2e Cas. Les fractions n'ont pas le même dénominateur;

3e Additionner des nombres fractionnaires.

1er Cas. Si les fractions qu'on veut ajouter ont même dénominateur, il suffit de faire la somme des numérateurs & de donner à cette somme le dénominateur commun. Il est évident que le résultat ainsi obtenu est la somme demandée.

Si la somme des numérateurs est plus grande que le dénominateur commun, la fraction vaut plus d'une unité; dans ce cas on extrait l'entier ou les entiers en divisant le numérateur par le dénominateur, et la somme des fractions est égale au quotient entier de la division auquel il faut ajouter une fraction ayant pour numérateur le reste de la division & pour dénominateur le diviseur.

2e Cas. Si les fractions qu'on veut ajouter n'ont pas le même dénominateur, on commence par les y réduire & ensuite on opère comme on vient de le dire.

3e Cas. Si les fractions qu'on veut ajouter sont accompagnées d'entiers, on fait d'abord la somme des fractions & on extrait les entiers de cette somme si elle en renferme, puis on les additionne avec ceux qui accompagnent les fractions.

Supposons qu'il s'agisse d'additionner les nombres fractionnaires $3\frac{5}{7}$, $2\frac{1}{2}$, $3\frac{2}{3}$

$3\frac{5}{7}$ ou $3\frac{30}{42}$

$2\frac{1}{2}$ ou $2\frac{21}{42}$

$3\frac{2}{3}$ ou $3\frac{28}{42}$

Total . . . . $9\frac{79}{42}$ ou $10\frac{37}{42}$

Soustraction.

La soustraction des fractions ordinaires présente 3 cas analogues à ceux de l'addition.

1er Cas. Lorsque les deux fractions ont le même dénominateur, on retranche le plus petit numérateur du plus grand & on donne à la différence le dénominateur commun.

2ème Cas. Si les fractions n'ont pas de même dénominateur, on les y réduit & on opère comme il vient d'être dit.

3ème Cas. Retrancher un nombre fractionnaire ou une fraction d'un autre nombre (entier ou fractionnaire). Dans ce cas on fait d'abord la différence des fractions ensuite celle des nombres entiers. Si la fraction du nombre inférieur était plus grande que celle du nombre supérieur, on augmenterait la seconde d'une unité réduite en fraction de la même espèce & on aurait soin de diminuer d'une unité le nombre supérieur ou d'augmenter le nombre entier inférieur.

1er Exemple. Faire la différence des fractions $\frac{3}{12}$ & $\frac{5}{12}$.

$$\frac{3}{12} - \frac{5}{12} = \frac{5-3}{12} = \frac{2}{12} = \frac{1}{6}$$

2e Exemple. Faire la différence des fractions $\frac{4}{5}$ & $\frac{3}{8}$.

$$\frac{4}{5} = \frac{32}{40}$$
$$\frac{3}{8} = \frac{15}{40}$$

Différence ..... $\frac{17}{40}$

3e Exemple. Faire la différence des nombres $4\ 1/5$ & $3\ 1/6$.

$$4\ 1/5 = 4\ \frac{6}{30}$$
$$3\ 1/6 = 3\ \frac{5}{30}$$

Différence .... $1\ 1/30$

4e Exemple. Faire la différence des nombres $4\frac{1}{5}$ & $3\frac{7}{8}$.

$$4\frac{1}{5} = 4\ \frac{8}{40} \qquad 4\ \frac{8}{40} + \frac{40}{40} = 4\ \frac{48}{40}$$
$$3\frac{7}{8} = 3\ \frac{35}{40} \qquad \qquad 4\ \frac{35}{40}$$

Différence $0\ \frac{13}{40}$

Je raisonne ainsi : $\frac{35}{40}$ ôtés de $\frac{8}{40}$, cela ne se peut ; j'augmente par la pensée la fraction supérieure d'une unité que je réduis en quarantièmes & qui vaut $\frac{40}{40}$, que j'ajoute à $\frac{8}{40}$ ce qui donne $\frac{48}{40}$, je retranche ensuite $\frac{35}{40}$ de $\frac{48}{40}$ & il reste $\frac{13}{40}$. Comme j'ai augmenté le nombre supérieur d'une unité, pour qu'il y ait compensation, j'augmente le nombre infér. de la même quantité, je dis donc 3 et 1 = 4, 4 ôté de 4, il reste 0. La différence est donc $\frac{13}{40}$.

Multiplication.

La multiplication des fractions a pour but, comme celle des nombres entiers, deux nombres étant donnés de former un 3e nombre qui se compose avec le premier de la même manière que le second se compose avec l'unité.

La multiplication des fractions présente trois cas.

1er Cas. Multiplier une fraction par un nombre entier.

Soit $\frac{7}{12}$ à multiplier par 6.

Multiplier $\frac{7}{12}$ par 6, c'est chercher un 3e nombre qui soit formé avec le multiplicande $\frac{7}{12}$ comme le multiplicateur 6 est formé avec l'unité, 6 est formé de 6 fois l'unité, donc le produit sera formé de 6 fois $\frac{7}{12}$. 6 fois $\frac{7}{12}$ est une fraction 6 fois plus grande que $\frac{7}{12}$. Or pour rendre une fraction 6 fois plus grande, on multiplie son numérateur par 6, donc $\frac{7}{12} \times 6 = \frac{7 \times 6}{12} = \frac{42}{12} = \frac{7}{2} = 3\frac{1}{2}$.

Règle: Pour multiplier une fraction par un nombre entier, on multiplie le numérateur de la fraction par l'entier & on divise le produit par le dénominateur.

2e Cas. Multiplier un entier par une fraction.

Soit à multiplier 6 par $\frac{7}{12}$.

Multiplier 6 par $\frac{7}{12}$, c'est chercher un troisième nombre qui soit formé avec le multiplicande 6 comme le multiplicateur $\frac{7}{12}$ est formé avec l'unité. $\frac{7}{12}$ est formé de 7 fois le 12ème de l'unité, donc le produit sera formé de 7 fois le 12e de 6. Or le $\frac{1}{12}$ de 6 est $\frac{6}{12}$ & les $\frac{7}{12}$ sont 7 fois plus grands que le $\frac{1}{12}$e ou $\frac{6 \times 7}{12} = \frac{42}{12} = \frac{7}{2} = 3\frac{1}{2}$.

Règle. Pour multiplier un nombre entier par une fraction, il suffit de multiplier le nombre entier par le numérateur & de diviser le produit par le dénominateur.

3e Cas. Multiplier une fraction par une fraction.

Soit à multiplier $\frac{4}{5}$ par $\frac{6}{7}$. Multiplier $\frac{4}{5}$ par $\frac{6}{7}$, c'est chercher un 3e nombre qui soit formé du multiplicande $\frac{4}{5}$ comme le multiplicateur $\frac{6}{7}$ est formé de l'unité. Or, $\frac{6}{7}$ est formé de 6 fois le $\frac{1}{7}$ de l'unité, donc le produit sera formé de 6 fois le $\frac{1}{7}$ de $\frac{4}{5}$. On aura le $\frac{1}{7}$ de $\frac{4}{5}$ en rendant cette fraction 7 fois plus petite, c.-à-d. en multipliant son dénominateur par 7, ce qui donne $\frac{4}{5 \times 7}$. Les $\frac{6}{7}$ sont 6 fois plus grands que le $\frac{1}{7}$. Pour rendre une fraction 6 fois plus grande, on multiplie son numérateur par 6. On a donc, pour résultat $\frac{4 \times 6}{5 \times 7} = \frac{24}{35}$.

Règle. Pour multiplier 2 fractions l'une par l'autre, il faut multiplier numérat. par numérat. & dénominateur par dénominateur.

Multiplier des nombres fractionnaires l'un par l'autre ou un nombre fractionnaire par une fraction ou par un nombre entier, ou enfin une fraction ou bien un entier par un nombre fractionnaire.

Ces différents cas peuvent être ramenés à l'un des précédents. Pour cela il suffit de réduire en fractions les nombres fractionnaires.

On peut intervertir l'ordre de deux facteurs dont l'un est une fraction.

Soit la fraction $\frac{5}{7}$ à multiplier par 3.

Je dis que $\frac{5}{7} \times 3 = 3 \times \frac{5}{7}$.

En effet, on a : $\frac{5}{7} \times 3 = \frac{5 \times 3}{7} = \frac{3 \times 5}{7} = 3 \times \frac{5}{7}$ C.q.f.d.

On peut intervertir l'ordre de deux facteurs fractionnaires sans changer leur produit.

Je dis que $\frac{5}{9} \times \frac{7}{8} = \frac{7}{8} \times \frac{5}{9}$ En effet, on a :

$$\frac{5}{9} \times \frac{7}{8} = \frac{5 \times 7}{9 \times 8} = \frac{7 \times 5}{8 \times 9} = \frac{7}{8} \times \frac{5}{9} \qquad \text{C. Q. F. D.}$$

Remarque. Lorsque dans une multiplication, le multiplicateur est l'unité, le produit est égal au multiplicande. Si le multiplicateur est plus grand que l'unité, le produit est plus grand que le multiplicande. Si le multiplicateur est plus petit que l'unité, le produit est plus petit que le multiplicande. D'où il suit que le produit de deux fractions est toujours plus petit que chacune d'elles.

Division

La division des fractions a pour but, étant donnés deux nombres appelés, l'un dividende & l'autre diviseur, d'en déterminer un 3e appelé quotient qui multiplié par le diviseur, reproduise le dividende.

La division des fractions présente 3 cas analogues à ceux de la multiplication.

1er Cas. Diviser une fraction par un nombre entier. Soit à diviser $\frac{5}{7}$ par 6.

D'après la définition de la division, diviser $\frac{5}{7}$ par 6, c'est chercher un troisième nombre appelé quotient qui multiplié par le diviseur 6 reproduise le dividende $\frac{5}{7}$. Or multiplier le quotient par 6, c'est le rendre 6 fois plus grand, c'est-à-dire le prendre 6 fois.

Nous dirons donc :

$$6 \text{ fois le quotient} = \frac{5}{7}$$

$$1 \text{ fois le quotient} = \frac{5}{7 \times 6} = \frac{5}{42}$$

Règle. Pour diviser une fraction par un entier, il faut multiplier le dénominateur de la fraction par l'entier, & donner au produit pour numérateur le numérateur de la fraction.

2e Cas. Diviser un nombre entier par une fraction.

Soit à diviser 6 par $\frac{5}{7}$

D'après la définition de la division, diviser 6 par $\frac{5}{7}$ c'est chercher un troisième nombre appelé quotient qui multiplié par le diviseur $\frac{5}{7}$ reproduise le dividende 6. Or multiplier le quotient par $\frac{5}{7}$, c'est en prendre les $\frac{5}{7}$!

Nous dirons donc :

$$\frac{5}{7} \text{ du quotient} = 6$$

$$\frac{1}{7} \ldots\ldots\ldots = \frac{6}{5}$$

$$\frac{7}{7} \text{ du quotient ou le quotient} = \frac{6 \times 7}{5} = \frac{42}{5}.$$

Règle. Pour diviser un entier par une fraction, il faut multiplier l'entier par le dénominateur de la fraction & diviser le produit par le numérateur. Ce qui revient au même multiplier l'entier par la fraction renversée.

3e Cas. Diviser une fraction par une fraction.

Soit à diviser $\frac{5}{7}$ par $\frac{8}{9}$

D'après la définition de la division, diviser $\frac{5}{7}$ par $\frac{8}{9}$, c'est chercher un 3e nombre appelé quotient qui multiplié par le diviseur $\frac{8}{9}$ reproduise le dividende $\frac{5}{7}$. Or multiplier le quotient par $\frac{8}{9}$, c'est prendre les $\frac{8}{9}$ de ce quotient. Nous avons donc :

$\frac{8}{9}$ du quotient $= \frac{5}{7}$

$\frac{1}{9}$ .... $= \frac{5}{7\times 8}$

$\frac{9}{9}$ du quotient ou le quotient $= \frac{5\times 9}{7\times 8} = \frac{45}{56}$

Règle. Pour diviser une fraction par une fraction, il faut multiplier la fraction dividende par la fraction diviseur renversée.

Diviser des nombres fractionnaires l'un par l'autre ou un nombre fractionnaire par une fraction ou par un entier, ou enfin une fraction ou bien un entier par un nombre fractionnaire.

Ces différents cas peuvent être ramenés à l'un des précédents. Il suffit pour cela de réduire en fractions les nombres fractionnaires. Toutes les règles que nous avons données pour la division des fractions peuvent se ramener à cette règle unique.

Pour faire une division de fractions, on multiplie le dividende par le diviseur renversé, après avoir donné au diviseur, s'il n'est pas une fraction, l'unité pour dénominateur.

Remarque. Dans le cas de la division d'une fraction par un nombre entier, le quotient est plus petit que le dividende. Dans le cas de la division d'un entier par une fraction, le quotient est au contraire plus grand que le dividende ; il en est de même dans le cas de la division d'une fraction par une fraction.

Fractions de fractions

On appelle fractions de fractions, une suite de fractions dépendant les unes des autres et qui se rattachent à la multiplication des fractions. On peut encore définir ainsi les fractions de fractions : Une ou plusieurs parties d'une fraction divisée en parties égales.

Si l'on conçoit ce résultat divisé lui-même en parties égales, qu'on prenne un certain nombre de ces parties, on a une fraction de fraction ou une fraction de fractions.

Soit à trouver les $\frac{2}{3}$ des $\frac{5}{7}$ de 12.

Je dois d'abord chercher les $\frac{5}{7}$ de 12. Or, le $\frac{1}{7}$ de 12 est $\frac{12}{7}$ et les $\frac{5}{7}$ sont $\frac{12\times 5}{7}$. Je dois ensuite trouver les $\frac{2}{3}$ des $\frac{5}{7}$ de 12 ou bien les $\frac{2}{3}$ de $\frac{12\times 5}{7}$. Le $\frac{1}{3}$ de cette expression est $\frac{12\times 5}{7\times 3}$ et les $\frac{2}{3}$ sont $\frac{12\times 5\times 2}{7\times 3}$. Ce qui prouve que pour effectuer ces sortes d'opérations, on divise le produit des numérateurs par celui des dénominateurs. — Quand il y a un nombre entier, on multiplie le produit des numérateurs par le nombre entier avant d'effectuer la division.

§ Faire voir que $\frac{7}{8} = \frac{77}{88}$, que $\frac{15}{17} = \frac{1515}{1717}$

Il est facile de reconnaître que $\frac{77}{88} = \frac{7 \times 11}{8 \times 11}$ et que $\frac{1515}{1717} = \frac{15 \times 101}{17 \times 101}$. On aurait de même $\frac{15}{17} = \frac{151515}{171717}$, car $\frac{151515}{171717} = \frac{15 \times 10101}{17 \times 10101}$ &c.

Onzième Leçon.

Fractions décimales.

On appelle fractions décimales des fractions qui ont pour numérateur un nombre quelconque et pour dénominateur 10 ou une puissance de 10. Ce dénominateur n'est pas exprimé dans la numération écrite. – On dit encore qu'une fraction décimale est une ou plusieurs parties de l'unité, divisée en parties égales de 10 en 10 fois plus petites.

On appelle nombre décimal celui qui contient une ou plusieurs unités entières suivies d'une fraction décimale. – Le principe fondamental de la numération des nombres entiers est aussi le principe fondamental de la numération des décimales.

Les décimales se forment en considérant l'unité divisée en 10 parties égales qu'on appelle dixièmes, le dixième divisé en 10 parties égales qu'on appelle centièmes, le centième divisé en 10 parties égales qu'on appelle millièmes, etc. Puisque d'après le principe fondamental de la numération, tout chiffre placé à la droite d'un autre vaut 10 fois moins que s'il était à la place de cet autre, les dixièmes s'écrivent nécessairement à la droite des unités, les centièmes à la droite des dixièmes, etc.

Pour ne pas confondre la partie entière avec la partie décimale, on est convenu de placer une virgule entre les unités et les dixièmes. S'il n'y a point d'unités entières, on écrit un zéro pour en tenir la place, et on met la virgule après le zéro. On remplace par des zéros les ordres d'unités qui manquent dans les décimales comme on le fait dans les nombres entiers.

Lire une fraction décimale ou un nombre décimal

On lit une fraction décimale de la même manière qu'on lit un nombre entier, il faut seulement avoir soin de terminer l'énoncé par le nom des unités du dernier chiffre à droite. Ou bien on énonce successivement dans l'ordre décroissant, les dixièmes, les centièmes, les millièmes, etc. Cette dernière manière de lire une fraction décimale est moins usitée que la précédente.

Pour lire un nombre décimal, on énonce d'abord la partie entière comme si elle était seule et ensuite on énonce la partie décimale comme il vient d'être dit. On peut encore énoncer tout le nombre décimal, abstraction faite de la virgule, comme on énoncerait un nombre entier, en ayant soin de terminer l'énoncé par le nom des unités du dernier chiffre à droite.

Écrire une fraction décimale.

1° Si l'on dicte la fraction décimale en ne désignant après l'énoncé que le nom des unités de la plus petite espèce, on l'écrit comme on écrirait un nombre entier, et on place la virgule de manière que le dernier chiffre à droite exprime les unités qui servent à nommer la fraction, mais s'il n'y a pas assez de chiffres pour cela, on écrit à la gauche des chiffres significatifs un nombre suffisant de zéros pour qu'il en reste un à la gauche de la virgule pour tenir la place des unités.

2° Si la fraction décimale est dictée en énonçant successivement, et dans l'ordre décroissant les dixièmes, les centièmes, les millièmes, etc.... on écrit d'abord un zéro pour tenir la place des unités, à la droite de ce zéro, on place une virgule, puis à la droite de cette virgule le chiffre représentant les dixièmes, puis à la droite des dixièmes, le chiffre représentant les centièmes, etc.... s'il manque des unités d'un ordre quelconque, on fait tenir par un zéro, la place de l'ordre manquant.

Écrire un nombre décimal. – 1° Si le nombre est dicté en énonçant d'abord la partie entière puis l'ensemble des parties décimales, en ne désignant après l'énoncé que le nom des unités de la plus petite espèce, on écrit d'abord l'entier, à la droite de l'entier, on place une virgule, puis à la droite de la virgule le nombre des unités décimales comme on écrirait un nombre entier, mais comme il faut nécessairement que le dernier chiffre à droite exprime des unités décimales de l'espèce énoncée, si le nombre n'avait pas assez de chiffres pour cela, on placerait entre lui et la virgule un nombre suffisant de zéros.

2° Si le nombre est dicté en énonçant d'abord la partie entière, et dans l'ordre décroissant les dixièmes, les centièmes, etc .... on écrit d'abord la partie entière, à la droite une virgule, puis à la droite de la virgule le chiffre représentant les dixièmes, à la droite des dixièmes, le chiffre représentant les centièmes, etc. S'il manque des unités décimales d'un ordre quelconque, on fait tenir par un zéro la place de l'ordre manquant.

3° Si le nombre décimal est dicté en ne désignant après l'énoncé que le nom des unités de la plus petite espèce, on l'écrit comme on écrirait un nombre entier, ensuite on place la virgule de manière que le dernier chiffre à droite exprime des unités de l'ordre énoncé.

Multiplier un nombre décimal ou une fraction décimale par 10, par 100 etc.

Pour mult. un nombre décimal par 10, par 100, etc. il suffit d'avancer la virgule d'un, de deux rangs vers la droite. Soit le nombre 78,4352. En avançant la virgule d'un rang vers la droite, j'ai pour résultat 784,352. Le chiffre 7, qui dans le nombre donné exprimait des dizaines, exprime des centaines dans le nouveau nombre, le chiffre 8 qui exprimait des unités exprime des dizaines, le chiffre 4 qui exprimait des dixièmes exprime des unités dans le deuxième nombre, etc.... On voit que chacun des chiffres du nouveau nombre exprime des unités dix fois plus grandes que celles qu'il exprime dans le nombre donné; donc le nombre 784,352 est dix fois plus grand que 78,4352, car on a vu que si l'on rend toutes les parties

… même comme un certain nombre de fois plus grandes, la somme est rendue ce nombre de fois plus grande.

Diviser un nombre décimal ou une fraction décimale par 10, par 100, etc.

Pour diviser un nombre décimal ou une fraction décimale par 10, par 100, il suffit de reculer la virgule d'un, de deux rangs vers la gauche (ce principe se démontre comme le précédent)

Les zéros qu'on écrit à la droite d'un nombre décimal n'en changent pas la valeur

1re Démonstration. – Soit le nombre 6,57 ; je dis qu'il a la même valeur que 6,5700. En effet, les divers chiffres significatifs sont à la même distance du chiffre des unités simples, ils expriment donc dans les deux nombres le même nombre d'unités du même ordre, & comme les zéros n'ont aucune valeur par eux-mêmes, les deux nombres ont par conséquent la même valeur.

2e Démonstration. – Dans l'un comme dans l'autre nombre on a six unités. Dans le premier on a, outre les six unités, 57 centièmes & dans le 2e on a, outre les 6 unités, 5700 dix-millièmes. Or un centième vaut dix millièmes & 57 centièmes valent 10 millièmes × 57 = 570 millièmes, un millième vaut dix dix-millièmes, 570 millièmes valent donc 10 dix-millièmes × 570 = 5700 dix millièmes, ce qui démontre que 6,57 = 6,5700.

3e Démonstration. Si l'on met la première fraction sous forme de fraction ordinaire, on aura $\frac{655}{100}$. Si l'on multiplie les deux termes de cette fraction par le même nombre 100, elle ne changera pas de valeur & l'on aura $\frac{657}{100} = \frac{65700}{10000}$ ou 6,57 = 6,5700

On voit aussi par ce qui vient d'être dit, que pour convertir un nombre décimal ou une fraction décimale en fraction ordinaire, il suffit de supprimer la virgule & de donner au nombre résultant pour dénominateur l'unité suivie d'autant de zéros qu'il y a de chiffres après la virgule dans le nombre décimal énoncé.

Prendre la valeur d'un nombre décimal ou d'une fraction décimale à moins d'une unité ou d'une demi unité décimale d'un ordre quelconque

Il arrive souvent qu'un nombre décimal ne peut être exprimé exactement en décimales ou qu'il ne peut l'être qu'avec un grand nombre de chiffres décimaux, mais on peut toujours obtenir la valeur de ce nombre à moins d'une unité ou d'une demi unité décimale d'un ordre quelconque. – Pour prendre la valeur d'un nombre décimal à moins d'une unité d'un ordre quelconque, il suffit de supprimer tous les chiffres qui expriment des unités de l'ordre inférieur à celui qu'on veut conserver. Par exemple, si l'on voulait avoir la valeur du nombre 47,857342 à moins d'un millième, on prendrait 47,857. – Pour avoir la valeur approchée d'un nombre décimal, à moins d'une demi-unité d'un ordre déterminé on examine quel est le chiffre qui suit immédiatement celui auquel on veut s'arrêter ; s'il est moindre que 5, on le néglige ainsi que les suivants, s'il est plus grand que 5 ou si c'est un 5 suivi de chiffres significatifs, on le supprime avec ceux suivants, mais on augmente d'une unité celui de l'ordre auquel on s'arrête. Si le chiffre qu'on néglige est un 5 seul ou un 5 suivi de zéros, soit qu'on augmente ou qu'on augmente pas celui auquel on s'arrête, on aura toujours la valeur du nombre à une demi-unité près de l'ordre indiqué.

Addition et Soustraction.

L'addition & la soustraction des nombres décimaux s'effectuent comme s'il s'agissait de nombres entiers, en ayant soin de placer les unités de même ordre les unes sous les autres.

Multiplication.

On peut avoir à multiplier un nombre décimal par un nombre entier, ou un nombre entier par un nombre décimal ou enfin deux nombres décimaux l'un par l'autre. Dans tous les cas, on effectue l'opération comme s'il s'agissait de nombres entiers, mais on a soin de séparer par une virgule, sur la droite du produit autant de chiffres décimaux qu'il y en a dans les deux facteurs.

Exemple. Soit à multiplier 4,25 par 3,2. Je multiplie 425 par 32 sans faire attention aux virgules & j'ai pour produit 13600. Mais en faisant abstraction de la virgule dans le multiplicande, j'ai rendu ce multiplicande 100 fois trop grand, donc le produit est aussi 100 fois trop grand, je lui rends sa juste valeur en le divisant par 100, ce qui se fait en séparant 2 chiffres sur sa droite. En faisant abstraction de la virgule dans le multiplicateur, j'ai aussi rendu ce multiplicateur 10 fois trop grand, donc le produit est encore 10 fois trop grand, pour le ramener à sa juste valeur, je le divise par 10, ce qui se fait en reculant la virgule d'un rang vers la gauche & j'ai au résultat 13,600, ce qui démontre la vérité de la règle énoncée.

Division.

Nous considérons deux cas dans la division des nombres décimaux, suivant que le diviseur est un nombre entier ou un nombre décimal.

1er Cas. Quand le diviseur est un nombre entier, on opère sans faire attention à la virgule du dividende & l'on sépare sur la droite du quotient autant de décimales qu'il y en a dans le dividende.

```
7,48 | 12
 28  |0,62
  4
```

Soit, par exemple, à diviser 7,48 par 12.

J'effectue la division comme si j'avais 748 à diviser par 12, et j'ai pour quotient 62. Mais en faisant abstraction de la virgule du dividende, j'ai rendu ce dividende 100 fois trop grand, donc le quotient est aussi 100 fois trop grand, pour le ramener à sa juste valeur, il faut aussi le diviser par 100, ce qui se fait en séparant deux chiffres sur sa droite. Le véritable quotient est donc 0,62.

3e Cas. Quand le diviseur est décimal, on le rend entier en faisant abstraction de la virgule qu'on avance ensuite dans le dividende d'autant de rangs vers la droite qu'il y a de chiffres décimaux au diviseur. On retombe ainsi dans le cas précédent sans changer la valeur du quotient puisqu'on a multiplié le dividende et le diviseur par le même nombre.

Remarquons que si le dividende a autant de chiffres décimaux que le diviseur, il devient entier comme lui ; que s'il a moins de chiffres décimaux que le diviseur, on est forcé de mettre sur sa droite un ou plusieurs zéros afin de pouvoir avancer la virgule dans le dividende d'autant de rangs qu'il y a de décimales au diviseur et enfin que s'il a plus de chiffres décimaux que le diviseur, il en conserve autant qu'il en a de plus que ce diviseur. Dans ce dernier cas on peut opérer sans faire attention aux virgules et séparer sur la droite du quotient autant de décimales qu'il y en a de plus au dividende qu'au diviseur.

On serait encore conduit aux règles que nous avons données pour la multiplication et la division des nombres décimaux en écrivant les fractions décimales sous la forme de fractions ordinaires, et en appliquant ensuite à ces dernières expressions les règles connues.

1° Soit à multiplier 15,253 par 0,34.

Ces nombres peuvent se mettre sous la forme

$$\frac{15253}{1000} \text{ et } \frac{34}{100}$$

En appliquant la règle de la multiplication des fractions, on a :

$$\frac{15253}{1000} \times \frac{34}{100} = \frac{15253 \times 34}{100000}$$

D'où la règle citée plus haut.

2° Soit à diviser 7,132 par 15. Le nombre 7,132 peut s'écrire

$$\frac{7132}{1000}$$

D'après la règle de la division d'une fraction par un nombre entier, le quotient cherché est

$$\frac{7132}{1000} : 15 = \frac{7132}{1000 \times 15} = \frac{7132}{15 \times 1000}$$

D'où la règle énoncée plus haut. – (On sait que pour diviser un nombre par un produit, on peut le diviser successivement par les facteurs du produit.)

3° Soit à diviser 9,359 par 12,32.

On a :

$$9{,}359 : 12{,}32 = 9{,}359 : \frac{1232}{100} = \frac{9{,}359 \times 100}{1232}.$$

D'où l'on peut déduire la règle énoncée plus haut.)

Conversion des fractions ordinaires en fractions décimales.

Il y a deux cas à considérer dans la conversion des fractions ordinaires en décimales

1er Cas. Le dénominateur est exprimé par l'unité suivie d'un ou de plusieurs zéros.

2e Cas. Le dénominateur est un nombre quelconque.

1er Cas. – Supposons que le dénominateur soit formé de l'unité suivie d'un ou de plusieurs zéros.

J'observe que toute fraction pouvant être considérée comme exprimant la division de son numérateur par son dénominateur, nous obtiendrons la valeur décimale de cette fraction en divisant son numérateur par son dénominateur, ce qui se fera en écrivant le numérateur et en séparant par une virgule, sur sa droite, autant de décimales qu'il y avait de zéros dans le dénominateur.

2e Cas. Soit à convertir la fraction $\frac{5}{8}$ en fraction décimale. — Convertir la fraction $\frac{5}{8}$ en fraction décimale, c'est trouver combien cette fraction vaut de dixièmes, de centièmes, de millièmes, etc. — On sait qu'une fraction peut être considérée comme le quotient de son numérateur par son dénominateur. La fraction $\frac{5}{8}$ peut donc être considérée comme étant le quotient de 5 par 8. La huitième partie de 5 unités est moindre que 1, j'écris un zéro au quotient pour tenir la place des unités et je place une virgule à la droite de ce zéro. Je convertis ensuite les 5 unités en dixièmes. Puisqu'une unité vaut dix dixièmes, 5 unités vaudront 10 dixièmes × 5 = 50 dixièmes. Le 8e de 50 dixièmes est de 6 pour 48 avec 2 dixièmes de reste. J'écris les six dixièmes au quotient à la droite de la virgule, 1 dixième vaut 10 centièmes, 2 dixièmes vaudront 10 centièmes × 2 = 20 centièmes. La 8e partie de 20 centièmes est de 2 centièmes pour 16 avec 4 centièmes de reste. J'écris les deux centièmes au quotient à la droite des dixièmes etc. . . . Si je continue en raisonnant ainsi, je trouverai que $\frac{5}{8} = 0,625$.

Règle. Pour convertir une fraction ordinaire en fraction décimale, on place le numérateur en dividende et le dénominateur en diviseur, on écrit un zéro au quotient et on place une virgule à la droite de ce zéro; on écrit un zéro à la droite du numérat. on divise le nombre résultant par le dénominateur et le quotient est le premier chiffre décimal; on écrit un nouveau zéro à la droite du reste obtenu et l'on divise le résultat par le dénominateur, le quotient est le deuxième chiffre décimal. On continue ainsi l'opération jusqu'à ce que l'on ait zéro pour reste ou que l'on ait au quotient autant de décimales qu'on veut en avoir. S'il y a un reste lorsqu'on arrête la division, la fraction décimale trouvée ne diffère de la fraction ordinaire que d'une quantité moindre d'une unité de l'ordre décimal auquel on arrête le quotient. Lorsque le numérateur de la fraction ordinaire est plus grand que le dénominateur, on continue la division du numérateur par le dénominateur jusqu'à ce que l'on ait un reste moindre que le diviseur, alors on place une virgule au quotient, puis un zéro à la droite du reste et l'on continue l'opération comme précédemment. —

On pourrait dire simplement: Pour réduire une fraction ordinaire en décimales, on écrit à la droite du numérateur autant de zéros que l'on veut avoir de décimales et cette préparation faite, on divise le numérateur par le dénominateur, puis on sépare sur la droite du quotient, par une virgule, autant de chiffres décimaux qu'on a écrit de zéros à la droite du numérateur.

Convertir une fraction décimale en fraction ordinaire.

Soit la fraction 0,24 à convertir en fraction ordinaire. On a:

$$0,24 = \frac{24}{100} = \frac{12}{50} = \frac{6}{25}$$

Les preuves des opérations des nombres décimaux se font de la même manière que les preuves des opérations des nombres entiers.

Les calculs sur les fractions décimales sont beaucoup plus faciles que les calculs sur les fractions ordinaires. En effet, les règles de la numération des nombres décimaux sont les mêmes que pour les nombres entiers & les opérations sur les premiers s'effectuent aussi de la même manière que les opérations sur les deuxièmes, tandis qu'il n'en est pas de même pour les fractions ordinaires.

Des fractions périodiques.

Une fraction décimale périodique est une fraction décimale d'un nombre illimité de chiffres décimaux dans laquelle un certain nombre de chiffres consécutifs se reproduisent indéfiniment & dans le même ordre.

La période est l'ensemble des chiffres consécutifs qui se reproduisent dans le même ordre. Les périodes sont en nombre infini.

On appelle fraction périodique simple une fraction périodique dont la période commence immédiatement après la virgule. Ex: 0,323232....

On appelle fraction périodique mixte, une fraction périodique dont la période ne commence pas immédiatement après la virgule. Ex. 0,4272727.

L'ensemble des chiffres décimaux qui précèdent la première période constituent la partie non périodique.

On appelle génératrice d'une fraction décimale périodique la fraction ordinaire qui lui a donné naissance.

Toute fraction ordinaire dont le dénominateur ne renferme pas d'autres facteurs premiers que 2 & 5 est exactement réductible en décimales.

En effet, nous avons vu que pour réduire une fraction ordinaire en décimales, il faut écrire autant de zéros à la droite de son numérateur qu'on veut avoir de décimales. Or, par chaque zéro qu'on écrira, on introduira le facteur 2 & le facteur 5. Ainsi, si l'on écrit un zéro à la droite du numérateur, ce numérateur deviendra $n \times 2 \times 5$, si l'on en écrit deux, il deviendra $n \times 2^2 \times 5^2$, donc on pourra toujours en opérant ainsi rendre le numérateur multiple du dénominateur, puisque ce dernier ne contient pas d'autres facteurs que 2 & 5.

Si le dénominateur renferme des facteurs étrangers à 2 & à 5 qui se trouvent en même temps dans le numérateur (auquel cas la fraction n'est pas réduite à sa plus simple expression) la fraction est aussi exactement réductible en décimales, car on peut toujours comme précédemment rendre le numérateur multiple du dénominateur en écrivant à sa droite un certain nombre de zéros.

Si la fraction ordinaire est réduite à sa plus simple expression, le nombre des opérations à effectuer est indiqué par le plus grand des exposants de 2 & 5 qui entrent dans le dénominateur.

Soient, par exemple, les fractions $\frac{5}{8}$ & $\frac{7}{80}$. $\frac{5}{8} = \frac{5}{2^3}$ & $\frac{7}{80} = \frac{7}{2^4 \times 5}$

Considérant $\frac{5}{2^3}$ & $\frac{7}{2^4 \times 5}$, on voit que pour rendre le numérateur 5 multiple du dénominateur 2^3, il faut écrire 3 zéros à sa droite, car alors il deviendra 5000 ou $5 \times 2^3 \times 5^3$, & que pour rendre le numérateur 7 multiple du dénominateur $2^4 \times 5$, il faut écrire 4 zéros à sa droite, attendu qu'il deviendra 70000 ou $7 \times 2^4 \times 5^4$. C.Q.F.D.

Toute fraction ordinaire réduite à sa plus simple expression, dont le dénominateur renferme un ou plusieurs facteurs différents de 2 & 5, donne lieu à une fraction décimale d'un nombre de chiffres illimité. En outre, la fraction décimale que l'on obtient est périodique et la période doit se reproduire quand on a fait tout au plus autant d'opérations qu'il y a d'unités dans le diviseur moins une.

1° Si le dénominateur renferme des facteurs étrangers à 2 & à 5, quel que soit le nombre de zéros que j'écrive à la droite du numérateur, je n'introduirai pas dans ce numérateur d'autres facteurs que 2 & 5, il ne deviendra donc jamais multiple du dénominateur & les opérations se continueront indéfiniment.

2° La fraction sera périodique & la période se reproduira quand on aura fait tout au plus autant d'opérations qu'il y a d'unités dans le diviseur moins une.

En effet, en réduisant la fraction ordinaire en décimales, on ne trouvera jamais 0 pour reste, mais chacun des restes obtenus devra être moindre que le diviseur qui reste constant. Il suit de là, que lorsque l'on aura fait tout au plus autant de divisions qu'il y a d'unités moins une dans le diviseur, on retombera sur l'un des restes déjà obtenus. En écrivant un zéro à la droite, on reproduira un dividende partiel déjà obtenu & puisque le diviseur reste constant, on aura à recommencer les opérations que l'on a faites la première fois que ce dividende s'est présenté & les mêmes chiffres se reproduiront indéfiniment & dans le même ordre ; d'où il suit que la fraction décimale obtenue sera périodique simple ou périodique mixte.

Trouver la fraction ordinaire qui a donné naissance à une fraction périodique simple.

Soit la fraction périodique simple 0,252525 ......

Supposons que la fraction proposée renferme d'abord deux périodes, & soit f_2 la valeur ainsi obtenue.

On a :

$$f_2 = 0,2525$$

Si je multiplie par 100, il vient :

$$100\,f_2 = 25,25$$

Soustrayant la première égalité de la seconde, nous aurons :

$$100\,f_2 = 25,25$$
$$f_2 = 0,2525$$

Différence $\quad 99 f_2 = 25 - 0,0025$

En prenant trois, quatre périodes, on obtiendrait de même,

$$99 f_3 = 25 - 0,000025$$
$$99 f_4 = 25 - 0,00000025$$

& ainsi de suite. — Or si on suppose que le nombre des périodes augmente indéfiniment on voit : 1° Que les seconds membres des égalités successives ont pour limite 25, puisque la partie à soustraire tend vers zéro ; 2° que f étant la valeur de la fraction génératrice cherchée, les premiers membres ont évidemment pour limite $99\,f$.

On aura donc :

$$99\,f = 25$$
$$f = \frac{25}{99}$$

Règle. Une fraction périodique simple est équivalente à une fraction ordinaire qui a pour numérateur l'ensemble des chiffres de la période & pour dénominateur un nombre composé d'autant de 9 qu'il y a de chiffres dans la période.

Cas où il y a un nombre entier avant la période.

Soit à convertir en fraction ordinaire 4, 3535 ....

On a :

$$\left.\begin{array}{l} 0,3535 = \frac{35}{99} \\ 4 = \frac{4 \times 99}{99} = \frac{396}{99} \end{array}\right\} 4,3535 = \frac{35}{99} + \frac{396}{99} = \frac{431}{99}$$

Trouver la fraction ordinaire qui a donné naissance à une fraction périodique mixte.

Soit, par exemple, la fraction périodique mixte 0,342525 ....

Supposons d'abord que la fraction proposée renferme deux périodes et soit f_2 la valeur ainsi obtenue.

On a :

$$f_2 = 0,342525$$

Si je multiplie successivement par 10000 & par 100, il vient :

$$10000\,f_2 = 3425,25$$
$$100\,f_2 = 34,2525$$

Différence $\quad 9900\,f_2 = 3425 - 34 - 0,0025$

En prenant trois, quatre périodes, on obtiendrait de même :

$$9900\, f_3 = 3425 - 34 - 0{,}000025$$
$$9900\, f_4 = 3425 - 34 - 0{,}00000025$$

Et ainsi de suite.

Or, si on suppose que le nombre des périodes augmente indéfiniment, on voit 1° que les seconds membres des égalités successives ont pour limite 3425 − 34, puisque la partie soustraite tend vers zéro; 2° que f étant la valeur de la fraction génératrice cherchée, les premiers membres ont évidemment pour limite 9900 f.

On aura donc:

$$9900\, f = 3425 - 34$$
$$\text{et } f = \frac{3425 - 34}{9900}$$

Règle. Une fraction périodique mixte est équivalente à une fraction ordinaire qui a pour numérateur un nombre formé des chiffres de la partie non-périodique suivis des chiffres de la période dont on retranche le nombre formé par les chiffres de la partie non périodique et pour dénominateur un nombre formé d'autant de 9 qu'il y a de chiffres dans la période suivis d'autant de zéros qu'il y a de chiffres dans la partie non périodique.

Cas où un nombre entier précède la fraction périodique mixte.

Soit le nombre 18,23457457......

On a:

$$18{,}23457457 = 18 + \frac{23457-23}{99900} = \frac{18 \times 99900 + 23457 - 23}{99900} = \frac{1821634}{99900} = \frac{910817}{49950}$$

Trouver la fraction génératrice de la fraction périodique mixte 0,000252252....

On a $f = \frac{252}{999000}$. — D'où l'on voit que le numérateur de la fraction génératrice d'une fraction décimale périodique mixte se réduit à la période quand la partie non périodique est exprimée par un ou par plusieurs zéros.

Trouver les fractions génératrices des fractions 0,999... 0,0999... 0,00999....

En appliquant les règles connues, on a successivement:

$$0{,}999\ldots = \frac{9}{9} = 1\,;$$
$$0{,}0999\ldots = \frac{9}{90} = \frac{9}{9} \times \frac{1}{10} = 1 \times \frac{1}{10} = 0{,}1\,;$$
$$0{,}00999\ldots = \frac{9}{900} = \frac{9}{9} \times \frac{1}{100} = 1 \times \frac{1}{100} = 0{,}01\,.$$

Ces résultats prouvent qu'une fraction décimale périodique mixte dont la partie non périodique est exprimée par des zéros et la période par des 9 est égale à une unité décimale de l'ordre immédiatement supérieur à celui où la période commence.

Étant donné un nombre décimal quelconque, si on supprime tous les chiffres décimaux placés à la droite d'un chiffre quelconque [illegible] comme tout nombre qu'une unité de l'ordre du dernier chiffre conservé.

Soit le nombre 65,473825

Je supprime tous les chiffres qui suivent le deuxième chiffre décimal

J'obtiens 65,47

On a $65,47 < 65,473825 < 65,479999\ldots < 65,48$

Ainsi le nombre proposé 65,473825 est $> 65,47$

et $< 65,48$;

il diffère par conséquent de chacun de ces nombres de moins qu'ils ne diffèrent entre eux, c'est-à-dire de moins de 1 centième. C.Q.F.D.

Corollaire. Pour prendre la valeur d'un nombre décimal à moins d'une unité d'un ordre quelconque, il suffit de supprimer tous les chiffres qui expriment des unités de l'ordre inférieur à celui qu'on veut conserver (page 62).

Le numérateur d'une fraction ordinaire équivalente à une fraction périodique mixte ne peut jamais être terminé par un ou plusieurs zéros, et par suite n'est jamais divisible par 10.

Soit, par exemple, la fraction périodique mixte 0,45328328... $f = \frac{45328-45}{99900}$

Pour que le numérateur fût terminé par un zéro, il faudrait que la période fût terminée par un 5, mais alors on aurait pour la fraction décimale 0,45325325..... et la période commencerait après le premier chiffre au lieu de commencer après le second comme cela a lieu dans l'exemple donné.

Une fraction irréductible dont le dénominateur ne contient aucun des facteurs 2 et 5 donne lieu étant convertie en décimales à une fraction périodique simple.

En effet, si la fraction décimale obtenue n'est pas périodique simple, elle est périodique mixte et cette fraction périodique mixte est équivalente à une fraction ordinaire qui a pour dénominateur autant de 9 qu'il y a de chiffres dans la période suivis d'autant de zéros qu'il y a de chiffres dans la partie non périodique. En réduisant à sa plus simple expression la fraction ordinaire ainsi obtenue, on doit retomber sur la fraction génératrice ce qui est impossible, car on ne pourra pas faire disparaître du dénominateur les facteurs 2 et 5 attendu que le numérateur ne peut pas être terminé par un seul zéro et qu'ainsi il ne peut contenir à la fois le facteur 2 et le facteur 5. Donc, etc...

Une fraction ordinaire irréductible donne lieu, étant convertie en décimales, à une fraction périodique mixte lorsque le dénominateur renferme quelques uns des facteurs 2 ou 5 mêlés à d'autres facteurs pre-

-mieux, & la période commence après autant de chiffres qu'il y a d'unités dans le plus grand des deux exposants de 2 & 5 qui se trouvent dans le dénominateur.

1° La fraction est périodique mixte, car si elle était périodique simple, elle équivaudrait à une fraction ordinaire dont le dénominateur exprimé par un certain nombre de 9, ne renfermerait, par conséquent, aucun des facteurs 2 & 5, donc en réduisant cette fraction à sa plus simple expression, il serait impossible de retomber sur la fraction génératrice.

2° La période commence après autant de chiffres qu'il y a d'unités dans le plus grand des exposants de 2 & 5 qui entrent dans le dénominateur.

En effet, la fraction périodique mixte obtenue est équivalente à une fraction ordinaire dont le dénominateur se termine par autant de zéros qu'il y a de chiffres dans la partie non périodique. Si je réduis cette fraction à sa plus simple expression, comme le numérateur n'est pas divisible à la fois par 2 & par 5, il restera nécessairement au dénominateur tous les facteurs 2 ou tous les facteurs 5 qui s'y trouvent, d'un autre côté, le nombre des facteurs 2 ou des facteurs 5 qui resteront, sera aussi nécessairement égal au nombre des zéros qui terminent le dénominateur, c'est-à-dire au nombre de chiffres étrangers à la période; donc le principe énoncé est vrai. Exemple. Soit la fraction $\frac{23}{60} = \frac{23}{2^2 \times 3 \times 5}$ à convertir en fraction décimale. J'en tire que la période commencera après deux opérations, c'est-à-dire au 3e chiffre.

En effet, la fraction $\frac{23}{60}$ convertie en décimale, donne 0,383333.... dont la fraction génératrice est, d'après la règle, $\frac{383-38}{900} = \frac{345}{900}$

Si je réduis cette fraction à sa plus simple expression, comme le numérateur est divisible par 5 & qu'il ne l'est pas par 2, il restera nécessairement au dénominateur tous les facteurs 2. Or le nombre des facteurs 2 est égal au nombre des zéros qui terminent le dénominateur, c'est-à-dire au nombre des chiffres étrangers à la période. Donc, etc.

$$\frac{345}{900} = \frac{345:5}{900:5} = \frac{115}{300} = \frac{115:5}{300:5} = \frac{23}{60}$$

Douzième Leçon.

Carrés et Racines Carrées.

On appelle carré d'un nombre le produit de ce nombre multiplié par lui-même; ainsi le carré de 7 est 49. — Réciproquement, on appelle racine carrée d'un nombre, un second nombre qui, multiplié par lui-même, ou élevé au carré, donne pour résultat le nombre proposé. Ainsi la racine carrée de 49 est 7.

On appelle en général, racine $n^{ième}$ d'un nombre, le nombre qui élevé à la $n^{ième}$ puissance, reproduit le nombre proposé. Ainsi la racine 4e de 81 est 3, car la 4e puissance de 3 est 81.

On indique une racine par le signe $\sqrt{\ }$, qu'on nomme *radical* & sous lequel on place le nombre dont on veut extraire la racine. Ainsi $\sqrt{64}$ représente la racine carrée de 64.

Dans les branches du radical, on écrit l'indice de la racine à extraire, excepté pour la carrée, à l'égard de laquelle on suppose l'indice.

On distingue deux cas dans l'extraction de la racine carrée des nombres entiers, suivant que le nombre proposé est plus petit ou plus grand que 100.

1er Cas. Nombres dont on veut extraire la racine est plus petit que 100.

Il suffit de savoir par cœur le tableau suivant qui contient les carrés des 9 premiers nombres

1	2	3	4	5	6	7	8	9
1	4	9	16	25	36	49	64	81

Veut-on avoir par exemple la racine carrée de 36, on voit que cette racine est 6, car $6 \times 6 = 36$.

Supposons maintenant qu'il s'agisse d'extraire la racine de 39 qui n'est pas un carré parfait. Je remarque que 39 est compris entre les deux nombres carrés parfaits 36 et 49 dont les racines sont 6 et 7. La racine de 39 est donc comprise entre 6 et 7 et elle diffère de chacun de ces nombres de moins qu'ils ne diffèrent entre eux, c-à-d., de moins d'une unité.

On voit donc que quand un nombre n'est pas un carré parfait, sa racine à moins d'une unité est la racine du plus grand carré parfait contenu dans ce nombre.

La racine carrée d'un nombre qui n'est pas un carré parfait est une quantité incommensurable.

Je dis, par exemple que la racine de 39 est une quantité incommensurable, qu'elle ne peut être exprimée exactement en nombre.

1° D'abord elle ne saurait être exprimée par un nombre entier puisqu'elle est comprise entre les deux nombres consécutifs 6 et 7.

2° Elle ne peut non plus être exprimée par un nombre fractionnaire. Car, en effet, supposons qu'elle soit 6 unités plus une fraction $\frac{m}{n}$. Convertissons ce nombre fractionnaire $6+\frac{m}{n}$ en une expression fractionnaire irréductible que nous représenterons par $\frac{a}{b}$. Nous venons de voir qu'on doit avoir :

$$\left(\frac{a}{b}\right)^2 = 39 \quad \text{ou} \quad \frac{a^2}{b^2} = 39,$$

ce qui ne se peut, car les nombres a et b étant supposés premiers entre eux, leurs carrés a^2 et b^2 le sont aussi et b^2 ne saurait diviser a^2. La racine de 39 ne peut donc pas être exprimée par un nombre fractionnaire. Comme d'ailleurs elle ne peut être exprimée par un nombre entier, le théorème est démontré.

Composition du carré d'un nombre qui contient des dizaines et des unités

Soit a les dizaines d'un nombre et b ses unités. Ce nombre sera représenté par $(a+b)$ et on obtiendra son carré en multipliant $(a+b)$ par $(a+b)$, ce qui donnera lieu au calcul suivant :

$$\begin{array}{r} a+b \\ a+b \\ \hline ab+b^2 \\ a^2+ab \\ \hline a^2+2ab+b^2 \end{array}$$

On voit d'après le résultat de cette multiplication que le carré d'un nombre qui contient des dizaines et des unités se compose du carré des dizaines, du double produit des dizaines par les unités et du carré des unités.

Différence entre les carrés de deux nombres consécutifs.

Soient a & $(a+1)$ deux nombres entiers consécutifs; on a:

$$(a+1)^2 = a^2+2a+1$$

$$\text{\&} \quad a^2 = a^2$$

$$\text{Différence} \quad (a+1)^2 - a^2 = \quad " \quad 2a+1$$

D'où l'on voit que la différence entre les carrés de 2 nombres entiers consécutifs est égale au double du plus petit nombre plus un, ou à la somme des 2 nombres donnés.

2e Cas. Extraire la racine carrée d'un nombre plus grand que 100.

Soit à extraire la racine carré de 647. _ Ce nombre étant plus grand que 100, contiendra à sa racine des dizaines & des unités. Comme tout nombre peut-être considéré comme étant le carré de sa racine carrée, nous pourons considérer 647 comme étant formé de trois parties, savoir: du carré des dizaines de sa racine, du double produit des dizaines par les unités, plus du carré des unités.

647	25
4	45×5 = 225
247	
225	
"22	

Si nous pourions détacher du nombre 647, le carré des dizaines de sa racine, en en extrayant la racine carrée, nous aurions les dizaines de la racine cherchée; mais nous ne pourons pas détacher exactement ce carré de 647, seulement nous remarquons que le carré des dizaines de la racine est un nombre exact de centaines qui doit nécessairement se trouver dans les 6 centaines du nombre 647. Ces 6 centaines peuvent contenir, non-seulement le carré des dizaines de la racine cherchée, mais encore un certain nombre de centaines qui auraient reflué des deux autres parties du carré de la racine, plus du reste s'il y en a un. Donc en extrayant la racine de 6, on ne trouvera pas un nombre plus petit que celui des dizaines de la racine cherchée. Je dis qu'on ne pourra pas non plus en trouver un plus grand. En effet, dans le cas actuel, la racine de 6 est 2, et par suite, la racine de 600 n'est pas inférieure à 20. Si 2 était plus fort que le nombre des dizaines de la racine de 647, ce nombre de dizaines serait au plus égal à 1 & la racine totale au plus égale à 19. Il en résulterait alors que la racine de 600 serait plus grande que la racine de 647, ce qui est absurde, car on ne saurait admettre que la racine d'une partie d'un nombre soit plus grande que la racine du nombre tout entier. Donc, en extrayant la racine de 6, on obtiendra exactement le nombre des dizaines de la racine de 647. La racine de 6 est 2; 2 exprime les dizaines de la racine cherchée. Je fais le carré de 2, il est 4; je retranche 4 de 6 & le reste est 2, à la droite de ce reste j'écris 47 & j'obtiens le nombre 247 qui ne contient plus que le double du produit des dizaines par les unités, plus le carré des unités. Or, il est clair que si de 247, nous pourions détacher le double produit des dizaines par les unités, on divisait ce nombre par le double des dizaines, on aurait les unités. Mais nous ne pouvons pas détacher de 247 le double produit des dizaines par les unités, seulement nous remarquons que le double produit des dizaines par les unités exprime un nombre de dizaines qui doit nécessairement se trouver dans les 24 dizaines du reste 647. Ces 24 dizaines peuvent contenir non-seulement le double produit des dizaines par les unités, mais encore un certain nombre de dizaines qui auraient reflué du carré des unités de la racine plus du reste s'il y en a un. Donc en divisant 24 dizaines par le double des dizaines de la racine, ou simplement 24 par 4, on ne pourra pas trouver un nombre plus petit que celui des unités de la racine, mais on pourrait bien en trouver un plus grand, car la différence entre les carrés de deux nombres consécutifs étant égale au double du plus petit nombre plus un, le reste seul peut contenir autant de dizaines qu'il y en a dans le double de la racine cherchée. Pour s'assurer que le chiffre des unités n'est pas trop fort, on l'écrit à la droite du double des dizaines, on multiplie le nombre ainsi formé par les unités, ce qui donne le double produit des dizaines par les unités plus le carré des unités. Ces 2 parties devant être contenues dans le reste, leur somme doit pouvoir en être retranchée. Si cette soustraction ne pouvait se faire, ce serait une preuve que le chiffre des unités serait trop fort, on le diminuerait alors de une ou de plusieurs unités.

Soit encore à extraire la racine carrée du nombre 105925.

Ce nombre étant plus grand que 100, contiendra à sa racine des dizaines et des unités. Comme tout nombre peut être considéré comme étant le carré de sa racine carrée, nous pouvons considérer 105925 comme étant formé de 3 parties, savoir : du carré des dizaines, du double produit des dizaines par les unités plus du carré des unités.

Si nous pouvions détacher du nombre 105925 le carré des dizaines de sa racine, en extrayant la racine carrée, nous aurions les dizaines de la racine cherchée. Mais nous ne pouvons pas détacher exactement ce carré de 105925, seulement nous remarquons que le carré des dizaines de la racine est un nombre exact de centaines qui doit nécessairement se trouver dans les 1059 centaines du nombre 105925. Or ce nombre 1059 est lui-même plus grand que 100, donc sa racine contiendra des dizaines et des unités. En appliquant à 1059 le raisonnement précédent, on trouvera que la racine de 1059 est 32. Cette racine de 1059 représente les dizaines de la racine du nombre 105925. A la droite du reste 35, j'abaisse la tranche suivante 25. Nous avons déjà retranché de 105925 le carré de 32, c'est-à-d. le carré des dizaines de la racine de tout le nombre 105925, le reste 3525 ne contient donc plus que deux parties du carré de la racine

10.59.25	325
9	62×2 = 124
159	645×5 = 3225
124	
3525	
3225	
0300	

cherchée, savoir: le double du produit des dizaines par les unités, plus le carré des unités, plus un reste s'il y en a un. On déterminera le chiffre des unités en raisonnant comme précédemment. On trouvera que ce chiffre est 5. _ La racine de 105925 est donc 325.

Règle. Pour extraire la racine carrée d'un nombre plus grand que 100, on extraira d'abord la racine du plus grand carré contenu dans les centaines de ce nombre, ce qui donnera les dizaines de la racine; on fera le carré de ces dizaines et on le retranchera du nombre proposé; on divisera les dizaines du reste par le double des dizaines de la racine trouvée, ce qui donnera un chiffre qui ne sera pas plus petit que celui des unités de la racine. Mais il pourrait bien être plus grand; pour le vérifier on l'écrira à la droite du double des dizaines on multipliera le nombre ainsi formé par les unités, et le produit devra pouvoir se retrancher du reste.

Remarque. Les différents chiffres de la racine se déterminant à l'exception du premier, par la division, on conçoit que la crainte de mettre un chiffre trop grand à la racine, expose à en écrire un trop petit. On reconnaîtra qu'un chiffre mis à la racine sera trop petit quand le reste dépassera le double de la racine.

Reconnaître si la racine trouvée est erronée de plus ou de moins d'une demi-unité.

Soit un nombre entier A dont la racine carrée par défaut, à moins d'une demi-unité est a.

On a:

$$A < \left(a+\frac{1}{2}\right)^2 < a^2+a+\frac{1}{4} \quad ; \text{ d'où}$$

$$A - a^2 < a + \frac{1}{4}.$$

Or $A-a^2$ est précisément le reste de l'opération; on voit alors que le reste est au plus égal à a, c'est-à-dire à la racine trouvée. On reconnaîtra donc que la racine trouvée sera erronée de moins d'une demi-unité par défaut quand le reste ne surpassera pas cette racine; mais s'il la surpasse elle sera erronée de plus d'une demi-unité.

Pour l'avoir à moins d'une demi-unité par excès il suffira alors de forcer d'unité sur son dernier chiffre.

Pour faire la preuve de l'extraction de la racine carrée, on élève au carré la racine trouvée, on ajoute le reste de l'opération au résultat, et la somme ainsi obtenue doit être égale au nombre proposé.

On peut encore faire la preuve par 9 en s'appuyant sur ce principe:

Le carré de tout nombre se compose d'un multiple de 9 plus du carré du reste de la division de ce nombre par 9.

Soit N un nombre, on a:

$$N = m.9 + r \text{ ; d'où}$$

$$N^2 = (m9+r)^2 = (m9+r)(m.9+r) = m.9 \times m.9 + r \times m.9 + m.9 \times r + r^2 = m.9 + r^2 \qquad \text{C.q.f.d.}$$

Corollaire. Pour faire la preuve par 9 de l'extraction de la racine carrée on retranchera le reste de l'opération du nombre proposé, on divisera le reste par 9 et on écrira le reste. Ce dernier reste devra être égal à celui qu'on obtiendra en divisant par 9 le carré du reste de la division par 9 de la racine trouvée.

Le carré d'un produit est égal au produit des carrés des facteurs.

(Ce théorème est démontré à la page 21)

Réciproquement. Pour extraire la racine carrée d'un produit dont les facteurs sont des carrés, il suffit d'extraire la racine carrée de chacun des facteurs, et de faire le produit de ces racines carrées.

En effet, de l'égalité

$$(a \times b \times c)^2 = a^2 \times b^2 \times c^2,$$

on tire en tire en extrayant la racine carrée de chaque membre,

$$a \times b \times c = \sqrt{a^2 \times b^2 \times c^2} \qquad \text{C.q.f.D.}$$

Extraire la racine carrée d'un nombre fractionnaire à moins d'une unité.

Soit à extraire la racine carrée du nombre $43 \frac{5}{7}$.

On a:

$$6^2 < 43 < 7^2$$

$$6^2 < 43\tfrac{5}{7} < 7^2$$

D'où l'on voit que la racine de $43 \frac{5}{7}$ et la racine de 43 sont comprises l'une et l'autre entre la racine de 36 et la racine de 49; c-à-d. entre 6 et 7. 6 est donc la racine de $43 \frac{5}{7}$ à moins d'une unité.

Il suffit donc, pour obtenir à moins d'une unité la racine carrée d'un nombre fractionnaire, d'extraire à moins d'une unité la racine du plus grand carré contenu dans les entiers de ce nombre.

Extraire la racine carrée d'un nombre à moins d'une unité fractionnaire donnée.

Soit à extraire la racine de 7 à moins de $\frac{1}{5}$.

Je multiplie 7 par 5^2, ce qui donne $5^2 \times 7 = 175$. J'extrais la racine de 175; cette racine est comprise entre 13 et 14. Mais en multipliant 7 par 5^2, j'ai multiplié la racine de 7 par 5. La racine de 7 est donc comprise entre $\frac{13}{5}$ et $\frac{14}{5}$, et elle diffère par conséquent de chacun de ces nombres de moins qu'ils ne diffèrent entre eux, c'est-à-dire de moins de $\frac{1}{5}$.

Règle. Pour obtenir la racine carrée d'un nombre à moins d'une unité fractionnaire donnée, il faut multiplier le nombre par le carré du dénominateur de l'unité fractionnaire, extraire à moins d'une unité la racine carrée du produit et diviser ensuite le résultat obtenu par le dénominateur de l'unité fractionnaire donnée.

Extraire la racine carrée d'un nombre à moins d'une unité décimale.

Soit à extraire la racine de 7 à moins de $\frac{1}{10}$.

Je multiplie 7 par 10^2, ce qui donne $7 \times 10^2 = 700$. J'extrais la racine de 700, elle est comprise entre 26 et 27. Mais en multipliant 7 par 10^2, j'ai multiplié la racine de 7 par 10. La racine de 7 est donc comprise entre $\frac{26}{10}$ et $\frac{27}{10}$, c-à-d. entre 2,6 et 2,7.

Règle. Pour obtenir la racine carrée d'un nombre entier à moins d'une unité décimale donnée, il faut écrire à la droite de ce nombre deux fois plus de zéros que l'on ne veut avoir de décimales à la racine, extraire à moins d'une unité la racine du nombre ainsi formé, puis séparer sur la droite de cette racine autant de décimales qu'on en a demandé.

Extraire la racine carrée d'un nombre à moins d'une fraction donnée.

Soit à extraire la racine de 7 à moins de $\frac{2}{5}$.

Je transforme $\frac{2}{5}$ en une fraction équivalente ayant pour numérateur l'unité. Pour cela je divise par 2 les deux termes de la fraction $\frac{2}{5}$.

J'ai
$$\frac{2}{5} = \frac{\frac{2}{2}}{\frac{5}{2}} = \frac{1}{\frac{5}{2}}.$$

J'extrais ensuite la racine de 7 à moins de $\frac{1}{\frac{5}{2}}$.

$$7 \times \left(\frac{5}{2}\right)^2 = 7 \times \frac{25}{4} = \frac{7 \times 25}{4} = \frac{175}{4} = 43\frac{3}{4}.$$

La racine de $43\frac{3}{4}$ est comprise entre 6 et 7. Mais en multipliant 7 par $\left(\frac{5}{2}\right)^2$, j'ai multiplié la racine de 7 par $\frac{5}{2}$, la racine demandée est donc comprise entre $6 : \frac{5}{2}$ et $7 : \frac{5}{2}$ ou entre $6 \times \frac{2}{5}$ et $7 \times \frac{2}{5}$ ou entre $\frac{12}{5}$ et $\frac{14}{5}$; elle diffère par conséquent de chacun de ces nombres de moins qu'ils ne diffèrent entre eux, c'est-à-dire de moins de $\frac{2}{5}$.

Règle. Pour obtenir la racine carrée d'un nombre à moins d'une fraction donnée, on transforme cette fraction en une autre fraction équivalente ayant l'unité pour numérateur, et on est ainsi ramené à la question précédente.

Extraire la racine carrée d'une fraction.

Il y a 3 cas à considérer:

1° Les deux termes sont des carrés parfaits;

2° Le dénominateur seul est un carré parfait;

3° Le dénominateur n'est pas un carré parfait.

1° Soit à extraire la racine de $\frac{16}{25}$.

Il suffit d'extraire séparément les racines des deux termes. — La racine de 16 et la racine de 25 est 5. La racine de $\frac{16}{25}$ est donc $\frac{4}{5}$. Il résulte en effet de la règle de multiplication des fractions, que pour obtenir le carré d'une fraction, il faut faire le carré de ses 2 termes; par conséquent, on remontera du carré d'une fraction à sa racine en extrayant séparément les racines carrées de ses 2 termes.

2° Soit à extraire la racine carrée de $\frac{5}{16}$.

Je multiplie $\frac{5}{16}$ par 16, le produit est 5. J'extrais la racine de 5 à moins d'une unité. Cette racine est comprise entre 2 et 3. Mais en multipliant $\frac{5}{16}$ par 16, j'ai multiplié la racine de $\frac{5}{16}$ par la racine de 16, c'est-à-dire par 4. La racine demandée est donc comprise entre $\frac{2}{4}$ et $\frac{3}{4}$. elle diffère par conséquent de chacune de ces fractions de moins qu'elles ne diffèrent entre elles, c-à-d. de moins de $\frac{1}{4}$.

Donc, pour extraire la racine carrée d'une fraction dont le dénominateur seul est un carré parfait, il suffit d'extraire à moins d'une unité la racine du numérateur et de donner à cette racine pour dénominateur, la racine carrée du dénominateur de la fraction proposée. On obtient ainsi la racine demandée à moins d'une unité fractionnaire de l'ordre marqué par la racine du dénominateur de la fraction proposée.

3° Soit à extraire la racine carrée de $\frac{5}{7}$.

Je multiplie les 2 termes de cette fraction par son dénominateur 7 afin de la transformer en une autre équivalente dont le dénominateur soit un carré parfait. J'ai

$$\frac{5}{7} = \frac{5\times 7}{7^2} = \frac{35}{7^2}$$

J'extrais ensuite les racines des deux termes et je trouve $\frac{5}{7}$, valeur exacte à moins de $\frac{1}{7}$. Donc, pour extraire la racine carrée d'une fraction dont le dénominateur n'est pas un carré parfait, on ramène ce cas au précédent en multipliant les deux termes de cette fraction par son dénominateur, on obtient la racine de la fraction proposée à moins d'une unité fractionnaire de l'ordre marqué par son dénominateur.

Quand le dénominateur d'une fraction n'est pas un carré parfait, il n'est pas toujours nécessaire de multiplier les deux termes de cette fraction par son dénominateur, pour la transformer en une autre dont le dénominateur soit un carré parfait; il suffit de décomposer le dénominateur en ses facteurs premiers et de multiplier ensuite les deux termes de la fraction par ceux des facteurs premiers dont les exposants sont impairs.

Soit à extraire la racine carrée de $\frac{11}{360}$. — $360 = 2^3 \times 3^2 \times 5$.

On a :

$$\frac{11}{360} = \frac{11}{2^3\times 3^2\times 5} = \frac{11\times 2\times 5}{2^4\times 3^2\times 5^2} = \frac{110}{2^4\times 3^2\times 5^2},$$

d'où,

$$\sqrt{\frac{110}{2^4\times 3^2\times 5^2}} = \frac{\sqrt{110}}{2^2\times 3\times 5} = \frac{10}{60} \text{ à moins de } \frac{1}{60}$$

Si on rendait le numérateur un carré parfait, on aurait également qu'une racine à extraire, mais alors on ne pourrait pas dire immédiatement sur quel degré d'approximation on pourrait compter, et de plus, dans certains cas on commettrait une erreur de plus d'une unité.

Si les deux termes d'une fraction irréductible ne sont pas des carrés parfaits, sa racine est incommensurable.

Soit la fraction $\frac{a}{b}$ dont aucun des termes n'est un carré parfait, je dis que sa racine est incommensurable.

En effet, supposons qu'elle soit commensurable et qu'elle puisse être exprimée par la fraction irréductible $\frac{a'}{b'}$. On aurait alors

$$\left(\frac{a'}{b'}\right)^2 = \frac{a}{b} \text{ ou } \frac{a'^2}{b'^2} = \frac{a}{b}$$

Les nombres a' et b' étant premiers entre eux, leurs puissances a'^2 & b'^2 sont aussi premières entre elles. La fraction $\frac{a'^2}{b'^2}$ est donc irréductible. On doit alors avoir $a'^2 = a$ & $b'^2 = b$, ce qui est contraire à l'hypothèse.

Extraire la racine carrée d'un nombre décimal.

On distingue deux cas : 1er Cas, le nombre des chiffres décimaux est pair ; 2e cas, le nombre des chiffres décimaux est impair.

1er Cas. Soit à extraire la racine carrée du nombre décimal 10,5925.

On a :

$$10,5925 = \frac{105925}{10000} = \frac{105925}{100^2}.$$

$$\sqrt{10,5925} = \sqrt{\frac{105925}{100^2}} = \frac{\sqrt{105925}}{100} = \frac{325}{100} = 3,25$$

D'où l'on voit que pour extraire la racine carrée d'un nombre décimal dont le nombre des chiffres décimaux est pair, il suffit d'extraire la racine du nombre proposé abstraction faite de la virgule, & de séparer sur la droite du résultat deux fois moins de décimales que n'en contient le nombre proposé.

2e Cas. Soit à extraire la racine carrée du nombre décimal 52,9

On a $52,9 = \frac{529}{10} = \frac{529 \times 10}{10^2}$; d'où $\sqrt{52,9} = \sqrt{\frac{529 \times 10}{10^2}} = \frac{\sqrt{5290}}{10}$.

D'où l'on voit que si le nombre des chiffres décimaux est impair, on ajoutera un zéro pour le rendre pair & on retombera dans le cas précédent.

Extraire la racine carrée d'une fraction à moins d'une unité fractionnaire donnée.

Soit à extraire la racine carrée de $\frac{5}{7}$ à moins de $\frac{1}{4}$.

Je multiplie $\frac{5}{7}$ par 4^2, ce qui donne $\frac{5}{7} \times 4^2 = 11\frac{3}{7}$. J'extrais la racine carrée $11\frac{3}{7}$; cette racine est comprise entre 3 & 4. Mais en multipliant $\frac{5}{7}$ par 4^2, j'ai multiplié la racine de $\frac{5}{7}$ par 4. La racine de $\frac{5}{7}$ est donc comprise entre $\frac{3}{4}$ & $\frac{4}{4}$ & elle diffère par par conséquent de chacun de ces nombres de moins qu'ils ne diffèrent entre eux, c'est-à-dire de moins de $\frac{1}{4}$.

Règle. Pour extraire la racine carrée d'une fraction à moins d'une unité fractionnaire donnée, il faut multiplier la fraction par le carré du dénominateur de l'unité fractionnaire, extraire à moins d'une unité la racine carrée du produit & diviser cette racine par le dénominateur de l'unité fractionnaire donnée.

Extraire la racine carrée d'une fraction à moins d'une unité décimale donnée.

Soit à extraire la racine carrée de $\frac{5}{7}$ à moins de $\frac{1}{10}$.

En raisonnant comme précédemment, on sera conduit à la règle suivante:

Règle. Pour extraire la racine carrée d'une fraction à moins d'une unité décimale donnée, on convertira cette fraction en décimales en ayant soin de continuer les calculs jusqu'à ce que l'on ait deux fois plus de décimales qu'on n'en veut à la racine, et la racine de la fraction décimale ainsi obtenue sera la racine carrée demandée.

Extraire la racine carrée d'une fraction à moins d'une fraction donnée.

Soit à extraire la racine carrée de la fraction $\frac{5}{6}$ à moins de $\frac{3}{20}$.

Je transforme $\frac{3}{20}$ en une fraction équivalente ayant pour numérateur l'unité. J'ai: $\frac{3}{20} = \frac{\frac{3}{3}}{\frac{20}{3}} = \frac{1}{\frac{20}{3}}$. — J'extrais ensuite la racine de $\frac{5}{6}$ à moins de $\frac{1}{\frac{20}{3}}$

$$\frac{5}{6} \times \left(\frac{20}{3}\right)^2 = \frac{5}{6} \times \frac{400}{9} = \frac{2000}{54} = 37\,\frac{2}{54}.$$

La racine de $37\frac{2}{54}$ est comprise entre 6 et 7. Mais en multipliant $\frac{5}{6}$ par $\left(\frac{20}{3}\right)^2$, j'ai multiplié la racine de $\frac{5}{6}$ par $\frac{20}{3}$, la racine demandée est donc comprise entre $6 : \frac{20}{3}$ & $7 : \frac{20}{3}$ ou entre $\frac{6 \times 3}{20}$ & $\frac{7 \times 3}{20}$ ou entre $\frac{18}{20}$ & $\frac{21}{20}$; elle diffère par conséquent de chacun de ces nombres de moins qu'ils ne diffèrent entre eux, c'est-à-d. de moins de $\frac{3}{20}$.

Lorsqu'on sait extraire la racine carrée d'un nombre, on peut extraire toute racine dont l'indice est une puissance parfaite de 2.

Soit un nombre A dont on veut extraire la racine 4e.

On a $\sqrt{A} = a$; d'où $A = a \times a = b \times b + b \times b = b^4$, d'où $\sqrt[4]{A} = b$

$\sqrt{a} = b$; d'où $a = b \times b$ — C.q.f.D

Caractères auxquels on reconnaît qu'un nombre n'est pas un carré parfait

On reconnaît qu'un nombre n'est pas un carré parfait.

1° *Si étant divisible par un facteur a, il ne l'est pas par a^2.*

En effet, tout nombre qui contient un facteur a doit être de la forme na dont le carré n^2a^2 est divisible par a^2.

2° S'il est terminé par un des chiffres 2, 3, 7, & 8.

En effet, soit un nombre N composé de dizaines & d'unités ; soient a ses dizaines & b ses unités, on a :

$$N = 10a + b \text{ ; d'où } N^2 = (10a+b)^2 = 100a^2 + 2 \times 10 \times a \times b + b^2 = 100a^2 + 2ab \times 10 + b^2.$$

Cette égalité prouve que le carré d'un nombre entier est terminé par le même chiffre que le carré des unités de ce nombre. Or les carrés des neuf premiers nombres

	1	2	3	4	5	6	7	8	9
sont	1	4	9	16	25	36	49	64	81

On voit qu'aucun de ces carrés n'est terminé par l'un des chiffres 2, 3, 7 et 8. Donc &c.

3° Si étant pair, il n'est pas divisible par 4.

En effet, tout nombre pair pouvant être exprimé par $2n$, son carré $4n^2$ est essentiellement divisible par 4.

4° Si étant pair, diminué de 1 il n'est pas divisible par 4.

En effet un nombre impair peut-être exprimé par $2n+1$, son carré par $(2n+1)^2 = 4n^2+4n+1 = 4(n^2+n)+1$. Or $4(n^2+n)+1$ diminué de 1 est nécessairement divisible par 4. Donc...

5° Si étant terminé par le chiffre 5, le chiffre des dizaines n'est pas 2.

En effet, soit un nombre N terminé par le chiffre 5, et soit a les dizaines de ce nombre. On a :

$$N = 10a + 5 \text{ ; d'où } N^2 = (10a+5)^2 = 100a^2 + 100a + 25 = (a^2+a) \times 100 + 25. \text{ (Conclure).}$$

6° S'il est terminé par un nombre impair de zéros.

En effet, quand un nombre est terminé par des zéros, son carré est terminé par un nombre double et par conséquent pair de zéros. — Les réciproques de ces principes ne sont pas vrais.

Tout carré impair divisé par 8 donne pour reste 1.

Soit N le carré du nombre impair $(2a+1)$, on a :

$$N = (2a+1)^2 = 4a^2 + 4a + 1 = 4a(a+1) + 1$$

Or l'un des nombres a, a+1 est nécessairement pair ; donc $a(a+1)$ est divisible par 2 et $4a(a+1)$, par 8. — Le reste de la division de $4a(a+1)+1$ par 8 est donc 1.

n étant impair, $n^3 - n$ est divisible par 24.

En effet, on a

$$\frac{n^3-n}{24} = \frac{n(n^2-1)}{24} = \frac{n(n+1)(n-1)}{24} = \frac{(n+1)n(n-1)}{24}$$

Le produit des 3 nombres entiers consécutifs $n+1$, n, $n-1$ est divisible par 3, $n+1$ et $n-1$ le sont par 2, par suite $(n+1)(n-1)$ l'est par 4 ainsi que $(n+1)(n-1)n$.

Le produit $(n+1)n(n-1)$ ou n^3-n étant divisible par 3, par 4 et par 2, l'est par $3 \times 4 \times 2 = 24$.

C. Q. F. D.

Treizième Leçon.

Cubes et Racines Cubiques.

On appelle cube d'un nombre, le produit de ce nombre multiplié trois fois par lui-même; ainsi le cube de 4 est 64

On appelle *racine cubique* d'un nombre, un second nombre qui multiplié deux fois par lui-même, ou qui, élevé au cube, donne pour résultat le nombre proposé; ainsi la racine cubique de 64 est 4, car 4 élevé au cube donne 64 pour résultat.

On distingue deux cas dans l'extraction de la racine cubique des nombres entiers, suivant que le nombre proposé est plus petit ou plus grand que 1000.

1°. Le nombre dont on veut extraire la racine cubique est plus petit que 1000

Il suffit de savoir par cœur le tableau suivant qui contient les cubes des neuf premiers nombres:

1	2	3	4	5	6	7	8	9
1	8	27	64	125	216	349	512	729

Veut-on avoir par exemple la racine cubique de 343; on voit que cette racine est 7, car

$$7 \times 7 \times 7 = 343.$$

Supposons maintenant qu'il s'agisse d'extraire la racine cubique de 352 qui n'est pas un cube parfait. Je remarque que 352 est compris entre les deux cubes parfaits 343 et 512 dont les racines sont 7 et 8. La racine de 352 est donc comprise entre 7 et 8 et elle diffère de chacun de ces nombres de moins qu'ils ne diffèrent entre eux c'est-à-dire de moins d'une unité.

On voit que quand un nombre n'est pas un cube parfait, sa racine à moins d'une unité est la racine cubique du plus grand cube parfait contenu dans ce nombre.

La racine cubique d'un nombre qui n'est pas un cube parfait est une quantité incommensurable.

Je dis, par exemple, que la racine cubique de 352 est une quantité incommensurable, qu'elle ne peut être exprimée exactement en nombre: 1° d'abord elle ne saurait être exprimée par un nombre entier puisqu'elle est comprise entre les deux nombres consécutifs 7 & 8.

2°. Elle ne peut non plus être exprimée par un nombre fractionnaire, car, en effet, supposons qu'elle soit 7 plus une fraction $\frac{m}{n}$. Convertissons ce nombre fractionnaire $7+\frac{m}{n}$ en une expression fractionnaire irréductible que nous représenterons par $\frac{a}{b}$.

Nous devons avoir:

$\left(\frac{a}{b}\right)^3 = 352$; d'où $\frac{a^3}{b^3} = 352$, ce qui est impossible, car les nombres a & b étant supposés premiers entre eux, leurs cubes a^3 & b^3 sont aussi premiers entre eux & b^3 ne saurait diviser a^3. La racine cubique de 352 ne peut donc pas être exprimée par un nombre fractionnaire; d'ailleurs elle ne peut pas non plus être exprimée par un nombre entier, le théorème est démontré.

Composition du cube d'un nombre qui contient des dizaines & des unités.

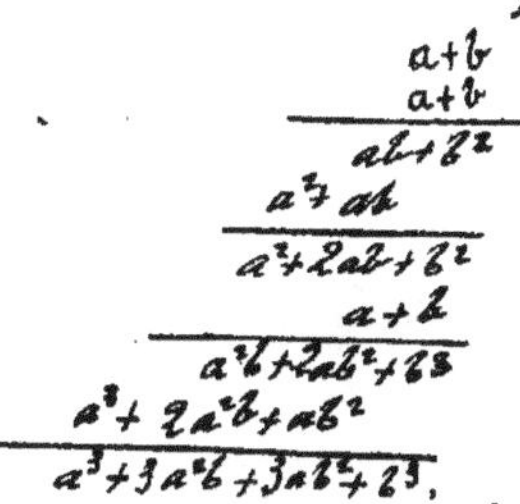

$$\begin{array}{r} a+b \\ a+b \\ \hline ab+b^2 \\ a^2+ab \\ \hline a^2+2ab+b^2 \\ a+b \\ \hline a^2b+2ab^2+b^3 \\ a^3+2a^2b+ab^2 \\ \hline a^3+3a^2b+3ab^2+b^3. \end{array}$$

On voit d'après ce résultat que le cube d'un nombre qui contient des dizaines & des unités se compose du cube des dizaines, du triple carré des dizaines par les unités, du triple des dizaines par le carré des unités, plus du cube des unités.

Différence entre les cubes de deux nombres consécutifs.

Soit a & $(a+1)$ deux nombres entiers consécutifs; on a:

$$(a+1)^3 = a^3+3a^2+3a+1$$
$$a^3 = a^3$$

Différence $(a+1)^3 - a^3 =$ " $3a^2+3a+1$.

D'où l'on voit que la différence entre les cubes de deux nombres entiers consécutifs est égale au triple carré du plus petit nombre, plus 3 fois ce nombre, plus un.

Extraire la racine cubique d'un nombre plus grand que 1000.

Soit à extraire la racine cubique de 15825.

Ce nombre étant plus grand que 1000, contiendra à sa racine des dizaines & des unités. Comme tout nombre peut-être considéré comme étant le cube de sa racine cubique, nous pourrons considérer 15825 comme étant formé de 4 parties, savoir: du cube des dizaines de sa racine, du triple carré des dizaines par les unités, du triple des dizaines par le carré des unités, plus du cube des unités.

$$\begin{array}{r|l} 15825 & 2 \\ 8 & 12 \\ \hline 7825 & \\ 7625 & \\ \hline 200 & \end{array}$$

65 triple diz. + unités
5 unités
325 triple diz x unités + carré des unités
12 triple carré dizaines
1525 triple carré diz + triple diz x unit + carré des unit.
5 unités
7625 triple carré diz x unit. + triple diz x carré des unit, + cube unités.

Si nous pourrions détacher du nombre 15825 le cube des dizaines de sa racine, en en extrayant la racine cubique, nous aurions les dizaines de la racine cherchée, mais nous ne pouvons pas détacher exactement ce cube de 15825; seulement, nous remarquons que le cube des diz. de la racine est un nombre exact de mille qui doit nécessairement se trouver dans les quinze mille du nombre 15825. Ces 15 mille peuvent contenir, non seulement les mille du cube des dizaines de la racine cherchée, mais encore des mille qui auraient reflué des 3 autres parties du cube de la racine, plus du reste s'il y en a un. Donc en extrayant la racine de 15, on ne trouvera pas un nombre plus petit que celui des dizaines de la racine. — Je dis qu'on ne pourra pas non plus en trouver un plus grand. En effet, dans le cas actuel, la racine de 15 est deux, et par suite la racine de 15000 n'est pas inférieure à 20. Si 2 était plus fort que le nombre des dizaines de la racine de 15825, ce nombre de dizaines serait au plus égal à 1, et la racine totale au plus égale à 19. Il en résulterait alors que la racine de 15000 serait plus grande que la racine de 15825, ce qui est absurde, car on ne saurait admettre que la racine d'une partie d'un nombre, soit plus grande que la racine du nombre tout entier. Donc, en extrayant la racine de 15, on obtiendra exactement le nombre des dizaines de la racine. La racine de 15 est 2; 2 exprime les dizaines de la racine cherchée. Je fais le cube de 2, ce cube est 8; je retranche 8 de 15 et le reste est 7; à la droite de ce reste, j'écris 825 et j'obtiens le nombre 7825 qui ne contient plus que les 3 autres parties du cube de la racine. Or, il est clair que si de 7825, nous pourrions détacher le triple carré des dizaines de la racine par les unités, en le divisant par le triple carré des dizaines, on aurait les unités. Mais nous ne pouvons pas détacher de 7825 le triple carré des dizaines de la racine par les unités, seulement nous remarquons que le triple carré des dizaines de la racine par les unités, exprime un nombre de centaines qui doit nécessairement se trouver dans les 78 centaines du reste 7825. Ces 78 centaines, peuvent contenir, non-seulement le triple carré des dizaines de la racine par les unités, mais encore un certain nombre de centaines qui auraient reflué des autres parties du cube de la racine, plus du reste s'il y en a un. Donc, en divisant 78 centaines par le triple carré des dizaines de la racine, on ne pourra pas trouver un nombre plus petit que celui des unités de la racine, mais on pourrait bien en trouver un plus grand, car la différence entre les cubes de deux nombres consécutifs étant égale au triple carré du plus petit, plus trois fois ce plus petit, plus un, le reste seul peut contenir autant de centaines qu'il y en a dans le triple carré des dizaines de la racine cherchée. Pour s'assurer que le chiffre des unités n'est pas trop fort, on l'écrit à la droite du triple des dizaines, on multiplie le nombre ainsi formé par les unités, ce qui donne le triple des dizaines de la racine par les unités, plus le carré des unités; à ce produit, on ajoute le triple carré des dizaines et on multiplie la somme obtenue par les unités; on obtient ainsi le triple carré des dizaines de la racine par les unités, le triple des dizaines par le carré des unités, plus le cube des unités. — Ces 3 parties devant être contenues dans le reste, leur somme doit pouvoir s'en retrancher. Si cette soustraction ne pouvait se faire, ce serait une preuve que le chiffre des unités serait trop fort, on le diminuerait alors de une ou de plusieurs unités.

Règle. Pour extraire la racine cubique d'un nombre plus grand que 1000, on extraira d'abord la racine du plus grand cube parfait contenu dans les mille de ce nombre, ce qui donnera les dizaines de la racine, on fera le cube de ces dizaines et on le retranchera du nombre proposé; on divisera les centaines du reste par le triple carré des dizaines, ce qui donnera un chiffre qui ne sera pas plus petit que celui des unités de la racine. Mais il pourra bien être plus grand; pour le vérifier on l'écrira à la droite du triple des dizaines, on multipliera le nombre ainsi formé par ce chiffre essayé, ce qui donnera le triple des des dizaines multiplié par les unités plus le carré des unités; à ce produit on ajoutera le triple carré des centaines, on multipliera le total par le chiffre essayé, et le produit devra pouvoir se retrancher du reste.

Les différents chiffres de la racine se déterminant, à l'exception du premier, par la division, on conçoit que la crainte de mettre un chiffre trop grand à la racine, expose à en écrire un trop petit. — D'après un principe précédemment démontré, on reconnaîtra qu'un chiffre écrit à la racine ne sera pas trop faible quand le reste correspondant sera moindre que le triple carré de la racine trouvée, plus 3 fois cette racine, plus une unité.

Preuve de l'extraction de la racine cubique.

Pour faire la preuve de l'extraction de la racine cubique, on élève au cube la racine trouvée, on ajoute le reste de l'opération au résultat, et la somme ainsi obtenue doit être égale au nombre proposé.

On peut encore faire la preuve par 9 en s'appuyant sur ce principe:

Le cube de tout nombre se compose d'un multiple de 9 plus du cube du reste de la division de ce nombre par 9.

Soit N un nombre. On a: $N = m.9 + r$; d'où

$$N^3 = (m.9+r)^3 = (m.9+r)(m.9+r)(m.9+r) = (m.9)^3 + 3(m.9)^2 \times r + 3(m.9)\times r^2 + r^3 = m.9 + r^3$$

Corollaire. Pour faire la preuve par 9 de l'extraction de la racine cubique on retranchera le reste de l'opération du nombre proposé, on divisera le reste par 9 et on écrira le reste; ce dernier reste devra être égal à celui qu'on obtiendra en divisant par 9 le cube du reste de la division par 9 de la racine trouvée.

Le cube d'un produit est le produit des cubes des facteurs.

(Ce théorème est démontré à la page 21)

Réciproquement. Pour extraire la racine cubique d'un produit dont les facteurs sont des cubes parfaits, il suffit d'extraire la racine cubique de chacun de ses facteurs et de faire le produit des racines cubiques.

En effet, de l'égalité

$$(a \times b \times e)^3 = a^3 \times b^3 \times e^3,$$

on tire, en extrayant la racine cubique de chaque membre,

$$a \times b \times e = \sqrt[3]{a^3 \times b^3 \times e^3}$$

C. Q. F. D.

Extraire la racine cubique d'un nombre fractionnaire à moins d'une unité.

Soit le nombre fractionnaire $130\frac{2}{3}$, dont on veut extraire, à moins d'une unité, la racine cubique.

$$5^3 < 130 < 6^3$$
$$5^3 < 130\tfrac{2}{5} < 6^3$$

D'où l'on voit que la racine de $130\frac{2}{5}$ et la racine de 130 sont comprises l'une & l'autre entre [les] racines de 125 & de 216, c'est-à-dire entre 5 & 6. 5 est donc la racine de $130\frac{2}{5}$ à moins de une unité. Il suffit donc pour obtenir à moins d'une unité la racine cubique d'un nombre fractionnaire, d'extraire à moins d'une unité la racine du plus grand cube contenu dans les entiers de [ce] nombre.

Extraire la racine cubique d'un nombre à moins d'une unité fractionnaire donnée

Soit à extraire la racine cubique de 7 à moins de $\frac{1}{5}$.

Je multiplie 7 par 5^3, ce qui donne $7\times 5^3 = 875$. J'extrais la racine de 875; cette racine est comprise entre 9 et 10. Mais en multipliant 7 par 5^3, j'ai multiplié la racine de 7 par 5. La racine de 7 est donc comprise entre $\frac{9}{5}$ & $\frac{10}{5}$, et elle diffère par conséquent de chacun de ces nombres [de] moins qu'ils ne diffèrent entre eux, c'est-à-dire de moins de $\frac{1}{5}$.

Règle. Pour obtenir la racine cubique d'un nombre à moins d'une unité fractionnaire donnée, il faut multiplier le nombre par le cube du dénominateur de cette unité fractionnaire, [extr]aire à moins d'une unité la racine cubique du produit, & diviser ensuite le résultat obtenu [par] le dénominateur de l'unité fractionnaire donnée.

Extraire la racine cubique d'un nombre à moins d'une fraction donnée.

Soit à extraire la racine cubique de 7 à moins de $\frac{2}{5}$.

[Je] transforme $\frac{2}{5}$ en une fraction équivalente ayant pour numérateur l'unité.

J'ai
$$\frac{2}{5} = \frac{\frac{2}{2}}{\frac{5}{2}} = \frac{1}{\frac{5}{2}}$$

J'extrais ensuite la racine de 7 à moins de $\frac{1}{\frac{5}{2}}$. En opérant comme précédemment [j'ai]

$$7\times\left(\frac{5}{2}\right)^3 = 7\times\frac{125}{8} = \frac{7\times 125}{8} = \frac{875}{8} = 109\ \frac{3}{8}.$$

La racine de $109\frac{3}{8}$ est donc comprise entre 4 & 5. Mais en multipliant 7 par $\left(\frac{5}{2}\right)^3$, j'ai [mu]ltiplié la racine de 7 par $\frac{5}{2}$, la racine demandée est donc comprise entre $4:\frac{5}{2}$ & $5:\frac{5}{2}$ ou entre $4\times\frac{2}{5}$ et $5\times\frac{2}{5}$ ou enfin entre $\frac{8}{5}$ & $\frac{10}{5}$. Elle diffère par conséquent [de] chacun de ces nombres de moins qu'ils ne diffèrent entre eux, c'est-à-dire de moins de $\frac{2}{5}$.

Règle. Pour obtenir la racine cubique d'un nombre à moins d'une fraction donnée, [on tr]ansforme cette fraction en une autre équivalente ayant l'unité pour numérateur, & on [opère] comme à la question précédente.

Extraire la racine cubique d'un nombre à moins d'une unité décimale donnée.

Soit à extraire la racine cubique de 7 à moins de $\frac{1}{10}$.

[J]e multiplie 7 par 10^3, ce qui donne $7\times 10^3 = 7000$. J'extrais la racine de 7000, cette racine [est] comprise entre 19 & 20. Mais en multipliant 7 par 10^3, j'ai multiplié la racine de 7 [par] 10. La racine de 7 est donc comprise entre $\frac{19}{10}$ & $\frac{20}{10}$, c'est-à-dire entre 1,9 et 2 [et el]le diffère par conséquent de chacun de ces nombres de moins qu'ils ne diffèrent entre eux, c'est à dire de moins de $\frac{1}{10}$.

Règle. Pour extraire la racine cubique d'un nombre entier à moins d'une unité décimale donnée, il faut écrire à la droite de ce nombre trois fois plus de zéros que l'on ne veut avoir de décimales à la racine, extraire à moins d'une unité, la racine du nombre ainsi formé, puis séparer sur la droite de cette racine autant de décimales qu'on en a demandé.

Extraire la racine cubique d'une fraction.

Il y a 3 cas à considérer :

1° Les deux termes sont des cubes parfaits ;

2° Le dénominateur seul est un cube parfait ;

3° Le dénominateur n'est pas un cube parfait.

1° Soit à extraire la racine cubique de $\frac{64}{125}$.

Il suffit d'extraire séparément les racines cubiques des deux termes. Or la racine cubique de 64 est 4, et celle de 125 est 5. La racine cubique de $\frac{64}{125}$ est donc $\frac{4}{5}$. Il résulte, en effet, de la règle de multiplication des fractions, que pour obtenir le cube d'une fraction, il faut faire le cube de ses 2 termes et que par conséquent on reviendra du cube d'une fraction à sa racine, en extrayant séparément les racines cubiques de ses deux termes.

2° Soit à extraire la racine cubique de $\frac{13}{125}$.

Je multiplie $\frac{13}{125}$ par 125, le produit est 13. J'extrais la racine cubique de 13 à moins d'une unité. Cette racine est comprise entre 2 et 3. Mais en multipliant $\frac{13}{125}$ par 125, j'ai multiplié la racine de $\frac{13}{125}$ par la racine de 125, c'est-à-dire par 5 ; la racine demandée est donc comprise entre $\frac{2}{5}$ et $\frac{3}{5}$, elle diffère par conséquent de chacune de ces fractions de moins qu'elles ne diffèrent entre elles, c'est-à-dire de moins de $\frac{1}{5}$.

Donc pour extraire la racine cubique d'une fraction dont le dénominateur seul est un cube parfait, il suffit d'extraire à moins d'une unité la racine du numérateur et de donner à cette racine pour dénominateur la racine cubique du dénominateur de la fraction proposée. On obtient ainsi la racine demandée à moins d'une unité fractionnaire de l'ordre marqué par la racine du dénominateur de la fraction proposée.

3° Soit à extraire la racine cubique de $\frac{5}{7}$.

Je multiplie les deux termes de cette fraction par le carré de son dénominateur afin de la transformer en une autre fraction équivalente dont le dénominateur soit un cube parfait.

J'ai $\frac{5}{7} = \frac{5 \times 7^2}{7^3} = \frac{5 \times 49}{7^3} = \frac{245}{7^3}$.

J'extrais ensuite les racines des deux termes et je trouve $\frac{6}{7}$, valeur exacte à moins de $\frac{1}{7}$.

Règle. Pour extraire la racine cubique d'une fraction dont le dénominateur n'est pas un cube parfait, on ramènera ce cas au précédent en multipliant les deux termes de cette fraction par le carré de son dénominateur et alors on obtiendra la racine de la fraction proposée à moins d'une unité fractionnaire de l'ordre marqué par son dénominateur.

Quand le dénominateur d'une fraction n'est pas un cube parfait, il n'est pas toujours nécessaire de multiplier les deux termes de cette fraction par son dénominateur, pour la transformer en une autre dont le dénominateur soit un cube parfait, il suffit de décomposer le dénominateur en ses facteurs premiers et de multiplier ensuite les deux termes par ceux des facteurs premiers dont les exposants ne sont pas divisibles par 3, et autant de fois par ces facteurs que cela est nécessaire pour qu'ils aient dans le nouveau dénominateur des exposants qui soient des multiples de 3.

Soit à extraire la racine cubique de $\frac{19}{360}$.

$$360 = 2^3 \times 3^2 \times 5.$$

On a: $\frac{19}{360} = \frac{19}{2^3 \times 3^2 \times 5} = \frac{19 \times 3 \times 5^2}{2^3 \times 3^3 \times 5^3} = \frac{1425}{2^3 \times 3^3 \times 5^3}$; d'où $\sqrt[3]{\frac{19}{360}} = \sqrt[3]{\frac{1425}{2^3 \times 3^3 \times 5^3}} = \frac{\sqrt[3]{1425}}{2 \times 3 \times 5} = \frac{11}{30}$, à moins de $\frac{1}{30}$.

Si on rendait le numérateur un cube parfait, on n'aurait également qu'une racine à extraire, mais alors on ne pourrait pas dire immédiatement sur quel degré d'approximation on pourrait compter et on pourrait commettre une erreur de plus d'une unité.

Si les 2 termes d'une fraction irréductible ne sont pas des cubes parfaits, sa racine est incommensurable.

(Même démonstration qu'à la page 89).

Extraire la racine cubique d'un nombre décimal.

On distingue deux cas: 1er Cas, le nombre des chiffres décimaux est un multiple de 3; 2e Cas le nombre des chiffres décimaux n'est pas un multiple de 3.

1er Cas. Soit à extraire la racine cubique du nombre décimal 15 825.

On a: $15,825 = \frac{15825}{1000} = \frac{15825}{10^3}$ d'où $\sqrt[3]{15,825} = \sqrt[3]{\frac{15825}{10^3}} = \frac{\sqrt[3]{15825}}{10} = \frac{25}{10} = 2,5$.

D'où l'on voit que pour extraire la racine cubique d'un nombre décimal dont le nombre des chiffres décimaux est un multiple de 3, il suffit d'extraire la racine du nombre proposé abstraction faite de la virgule, et séparer sur la droite du résultat trois fois moins de décimales que n'en contient le nombre proposé.

2e Cas. Soit à extraire la racine cubique du nombre 15,8.

On a $15,8 = \frac{158}{10} = \frac{158 \times 10^2}{10^3}$; d'où $\sqrt[3]{15,8} = \sqrt[3]{\frac{158 \times 10^2}{10^3}} = \frac{\sqrt[3]{15800}}{10} = \frac{25}{10} = 2,5$.

D'où l'on voit que si le nombre des chiffres décimaux n'est pas un multiple de 3, on ajoutera un ou deux zéros pour le rendre égal à trois ou à un multiple de 3 et on retombera dans le cas précédent.

Extraire la racine cubique d'une fraction à moins d'une unité fractionnaire donnée.

Soit à extraire la racine cubique de $\frac{5}{7}$ à moins de $\frac{1}{4}$.

Je multiplie $\frac{5}{7}$ par 4^3, ce qui donne $\frac{5}{7} \times 4^3 = 45\frac{5}{7}$. J'extrais la racine de $45\frac{5}{7}$; cette racine est comprise entre 3 et 4. Mais en multipliant $\frac{5}{7}$ par 4^3, j'ai multiplié la racine de $\frac{5}{7}$ par 4. La racine de $\frac{5}{7}$ est donc comprise entre $\frac{3}{4}$ et $\frac{4}{4}$, et elle diffère par conséquent de chacun de ces nombres de moins qu'ils ne diffèrent entre eux, c'est-à-dire de moins de $\frac{1}{4}$.

Règle. Pour obtenir la racine cubique d'une fraction à moins d'une unité fractionnaire donnée, il faut multiplier la fraction par le cube du dénominateur de l'unité fractionnaire, extraire à moins d'une unité la racine cubique du produit, et diviser cette racine par le dénominateur de l'unité fractionnaire donnée.

Extraire la racine cubique d'une fraction à moins d'une unité décimale donnée.

En raisonnant comme précédemment, on sera conduit à la règle suivante.

Règle. Pour extraire la racine cubique d'une fraction à moins d'une unité décimale donnée, on convertira cette fraction en décimales en ayant soin de continuer les calculs jusqu'à ce que l'on ait trois fois plus de décimales qu'on n'en veut à la racine ; et la racine de la fraction ainsi obtenue sera la racine demandée.

Extraire la racine cubique d'une fraction à moins d'une fraction donnée.

Soit à extraire la racine cubique de la fraction $\frac{5}{6}$ à moins de $\frac{3}{20}$.

Je transforme $\frac{3}{20}$ en une fraction équivalente ayant pour numérateur l'unité.

J'ai $\frac{3}{20} = \frac{\frac{3}{3}}{\frac{20}{3}} = \frac{1}{\frac{20}{3}}$ -- J'extrais ensuite la racine de $\frac{5}{6}$ à moins de $\frac{1}{\frac{20}{3}}$.

$$\frac{5}{6} \times \left(\frac{20}{3}\right)^3 = \frac{5}{6} \times \frac{8000}{27} = \frac{5 \times 8000}{6 \times 27} = \frac{40000}{162} = 246\frac{74}{81}$$

La racine de $246\frac{74}{81}$ est comprise entre 6 et 7. Mais en multipliant $\frac{5}{6}$ par $\left(\frac{20}{3}\right)^3$, j'ai multiplié la racine de $\frac{5}{6}$ par $\frac{20}{3}$; la racine demandée est donc comprise entre $6 : \frac{20}{3}$ et $7 : \frac{20}{3}$ ou entre $6 \times \frac{3}{20}$ et $7 \times \frac{3}{20}$, ou entre $\frac{18}{20}$ et $\frac{21}{20}$; elle diffère par conséquent de chacun de ces nombres de moins qu'ils ne diffèrent entre eux, c'est-à-dire de moins de $\frac{3}{20}$. Donc, etc ....

Lorsqu'on sait extraire la racine cubique d'un nombre, on peut extraire toute racine dont l'indice est une puissance parfaite de 3.

Soit un nombre A dont on veut extraire la racine 9ième.

On a :

$$\sqrt[3]{A} = a \; ; \text{ d'où } A = a \times a \times a = b \times b \times b \times b \times b \times b \times b \times b \times b = b^9 \; ; \text{ d'où } \sqrt[9]{A} = b$$
$$\sqrt[3]{a} = b$$

C.q.f.d.

On peut extraire d'un nombre toute racine dont l'indice ne renferme que les facteurs premiers 2 et 3.

Soit à extraire la racine 12e de A.

On a : $\sqrt{A} = a$; d'où $A = a \times a = b \times b \times b \times b = c \times c \times c \times c \times c \times c \times c \times c \times c \times c \times c \times c = c^{12}$

$\sqrt{a} = b$; d'où $a = b \times b$ $\quad A = c^{12}$ d'où

$\sqrt[3]{b} = c$; d'où $b = c \times c \times c$ $\quad \sqrt[12]{A} = c$.

C.q.f.d.

Quatorzième Leçon

Proportions.

On appelle *rapport* le résultat de la comparaison de deux quantités.

Lorsque l'on compare deux quantités, on a pour but de déterminer combien de fois l'une contient l'autre, ou de combien l'une surpasse l'autre.

De là deux sortes de rapports : *le rapport par différence* et *le rapport par quotient*. Ainsi 12-3 est un rapport par différence, et $\frac{12}{3}$ est un rapport par quotient. Les deux nombres que l'on compare sont appelés les termes du rapport. — Le premier terme d'un rapport se nomme antécédent & le second conséquent.

On appelle *proportion*, l'expression de l'égalité de deux rapports de même espèce. Ainsi: $12-5=10-3$, & $\frac{12}{6}=\frac{8}{4}$ sont des proportions. La première est une *proportion arithmétique* ou *équidifférence*, & la seconde est une *proportion géométrique* ou par *quotient*.

Ces proportions s'énoncent ainsi. 12 est à 6 comme 8 est à 4.

Toute proportion a deux antécédents & deux conséquents, ainsi que deux moyens & deux extrêmes.

Dans la proportion $\frac{12}{6}=\frac{8}{4}$, 12 et 8 sont les antécédents, 6 & 4 sont les conséquents; 6 & 8 sont les deux moyens, 12 & 4 sont les deux extrêmes.

Des Equidifférences.

Dans toute équidifférence, la somme des extrêmes est égale à celle des moyens.

Soit l'équidifférence

$a-b=c-d$. Je dis que $a+d=b+c$.

En effet, ajoutant b de part & d'autre, on a:

$$a-b+b=c-d+b, \quad \text{ou} \quad a=c-d+b.$$

Ajoutant ensuite d à chaque membre de cette dernière égalité, il vient:

$$a+d=c-d+b+d=c+b.$$ C.q.F.D.

Réciproquement, quatre quantités constituent une équidifférence lorsque la somme des extrêmes est égale à celle des moyens.

Soient les 4 nombres a, b, c, d tels que $a+d=b+c$. (a)

Je dis que $a-b=c-d$.

En effet, de l'égalité (a), on tire en retranchant b de part & d'autre,

$$a+d-b=c$$

Retranchant ensuite d à chaque membre, de cette dernière égalité, il vient:

$$a-b=c-d.$$ C.q.F.D.

Si 4 quantités a, b, c, d sont telles que la somme des extrêmes ne soit pas égale à la somme des moyens, les 4 nombres ne forment pas une équidifférence.

En effet, de $a+d<b+c$, on tire:

$$a+d-b<c; \text{ d'où } a-b<c-d.$$

Il n'y a pas égalité de rapports, donc il n'y a pas proportion.

Une équidifférence est dite *continue*, quand les moyens sont égaux. Telle est l'équidifférence $a-b=b-c$.

Dans toute équidifférence continue, la somme des extrêmes est double du terme moyen.

Soit l'équidifférence continue $a-b=b-c$; De cette égalité on tire: $a+c=b+b=2b$. C.q.F.D.

Deux termes d'une équidifférence continue étant donnés, déterminer le 3e.

Le terme inconnu peut-être l'un des extrêmes, ou le terme moyen.

1° Soit l'équidifférence $a-b=b-x$. De cette égalité, on tire: $a+x=2b$, d'où

$$x=2b-a.$$

2° Soit l'équidifférence $a-x=x-c$. De cette égalité on tire $2x=a+c$, d'où

$$x=\frac{a+c}{2}$$

On appelle *moyenne arithmétique* entre deux quantités, le moyen terme d'une équidifférence continue dont elles sont les extrêmes. Ainsi, dans l'équidifférence continue $a-b=b-c$, b est la moyenne arithmétique entre a et c.

On appelle *moyenne arithmétique* entre plusieurs quantités données, une quantité telle que répétée autant de fois qu'il y a de quantités données, elle donne un nombre égal à la somme de ces quantités.

Il résulte évidemment de cette définition, que pour obtenir la moyenne arithmétique entre plusieurs quantités, il suffit de diviser leur somme par leur nombre. Ainsi la moyenne arithmétique entre les nombres 7, 8 et 12 est $\frac{7+8+12}{3}$ ou 9.

Des proportions par quotient.

Dans toute proportion géométrique, le produit des extrêmes est égal au produit des moyens.

Soit la proportion $\frac{a}{b}=\frac{c}{d}$. Je dis qu'on a $a\times d=b\times c$.

En effet, en réduisant les fractions $\frac{a}{b}$ et $\frac{c}{d}$ au même dénominateur, il vient:

$$\frac{ad}{bd}=\frac{bc}{db}.$$

D'où à cause du dénominateur commun bd, $ad=bc$. C. Q. F. D.

Réciproquement: Si 4 nombres sont tels que le produit des extrêmes soit égal à celui des moyens, ces 4 nombres sont en proportion.

Soient les 4 nombres a, b, c, d, tels que $ad=bc$, je dis qu'on a: $\frac{a}{b}=\frac{c}{d}$.

En effet, de $ad=bc$, on tire $\frac{ad}{b}=c$, d'où, en divisant de part et d'autre par d,

$$\frac{a}{b}=\frac{c}{d}$$ C. Q. F. D.

Si 4 nombres sont tels que le produit des extrêmes ne soit pas égal à celui des moyens, ces quatre nombres ne sont pas en proportion.

Soient les quatre nombres a, b, c, d tels que l'on ait $ad < bc$, je dis que ces 4 nombres ne sont pas en proportion.

En effet, de $ad < bc$, on tire $\frac{ad}{b} < c$; d'où en divisant de part et d'autre par d,

$$\frac{a}{b} < \frac{c}{d}.$$

Il n'y a pas égalité de rapports, donc il n'y a pas proportion. C. Q. F. D.

On peut sans troubler une proportion disposer ses termes de huit manières différentes.

Soit la proportion $\frac{a}{b}=\frac{c}{d}$ (1) Changeant les extrêmes, il vient

$\frac{d}{b}=\frac{c}{a}$ (2) Changeant les moyens dans les proportions (1) et (2), il vient . . . . . . $\begin{cases} \frac{a}{c} = \frac{b}{d} & (3) \\ \frac{c}{a} = \frac{d}{b} & (4) \end{cases}$ Renversant les rapports dans les proportions (1), (2), (3) et (4),

il vient . . . . . . $\begin{cases} \frac{b}{a} = \frac{d}{c} & (5) \\ \frac{d}{b} = \frac{c}{a} & (6) \\ \frac{c}{d} = \frac{a}{b} & (7) \\ \frac{c}{d} = \frac{a}{b} & (8) \end{cases}$

Dans ces huit changements, on voit que le produit des extrêmes reste toujours égal à celui des moyens. — Le principe est démontré.

Trois termes d'une proportion étant donnés, déterminer le quatrième.

Soit la proportion $\frac{a}{b} = \frac{c}{d}$.

On sait que $ad = bc$. — De cette égalité, on tire :

1°. $a = \frac{bc}{d}$; $d = \frac{bc}{a}$.

2°. $b = \frac{ad}{c}$; $c = \frac{ad}{b}$.

Ce qui prouve que dans toute proportion, 1° chaque extrême est égal au produit des moyens divisé par l'autre extrême ; 2° chaque moyen est égal au produit des extrêmes divisé par l'autre moyen.

Une proportion est dite continue quand les moyens sont les mêmes.

Telle est la proportion $\frac{a}{b} = \frac{b}{c}$.

Dans toute proportion continue le produit des extrêmes est égal au carré du terme moyen.

En effet, de la proportion continue $\frac{a}{b} = \frac{b}{c}$. On tire

$a \times c = a^2$ C. Q. F. D.

Deux termes d'une proportion continue étant donnés, déterminer le 3e.

Le terme inconnu peut-être l'un des extrêmes ou le terme moyen.

1°. Soit la proportion continue $\frac{a}{b} = \frac{b}{x}$. On tire de cette égalité,

$ax = b^2$; d'où $x = \frac{b^2}{a}$.

D'où l'on voit que si le terme inconnu est un extrême, on le détermine, en divisant le carré du terme moyen par l'extrême connu.

2°. Soit la proportion continue $\frac{a}{x} = \frac{x}{c}$. On tire de cette égalité $x^2 = ac$; d'où $x = \sqrt{ac}$

D'où l'on voit que si le terme inconnu est le moyen, on le détermine en extrayant la racine carrée du produit des extrêmes.

On appelle : 1° *quatrième proportionnelle à trois quantités* le quatrième terme d'une proportion dont elles sont les trois premiers termes ; 2° *troisième proportionnelle à deux quantités*, le troisième terme d'une proportion continue dont elles sont les deux premiers termes, 3° *moyenne proportionnelle entre deux quantités*, le moyen terme d'une proportion continue dont elles sont les extrêmes.

Lorsque deux proportions ont un rapport commun, les deux autres rapports forment une proportion.

$$\left.\begin{aligned} \frac{a}{b} &= \frac{c}{d} \\ \frac{m}{n} &= \frac{c}{d} \end{aligned}\right\} \frac{a}{b} = \frac{m}{n}.$$

Lorsque deux proportions ont les mêmes antécédents ou les mêmes conséquents, les autres termes forment une proportion.

$$\left.\frac{a}{b}=\frac{c}{d}\atop \frac{a}{m}=\frac{c}{n}\right\}\left\{\frac{a}{c}=\frac{b}{d}\atop \frac{a}{c}=\frac{m}{n}\right\}\frac{b}{d}=\frac{m}{n}\ \Big\|\ \frac{a}{b}=\frac{c}{d}\atop \frac{m}{b}=\frac{n}{d}\Big\}\ \frac{d}{b}=\frac{c}{a}\atop \frac{d}{b}=\frac{n}{m}\Big\}\ \frac{c}{a}=\frac{n}{m}.$$

Lorsque l'on multiplie terme à terme plusieurs proportions, les produits forment une proportion.

$$\left.\begin{array}{l}\frac{a}{b}=\frac{c}{d}\\ \frac{m}{n}=\frac{p}{q}\\ \frac{g}{h}=\frac{r}{s}\end{array}\right\}\frac{a}{b}\times\frac{m}{n}\times\frac{g}{h}=\frac{c}{d}\times\frac{p}{q}\times\frac{r}{s}\ \Big|\ \frac{a\times m\times g}{b\times n\times h}=\frac{c\times p\times r}{d\times q\times s}.$$

Lorsqu'on divise terme à terme deux proportions, les quotients sont en proportion.

$$\left.\begin{array}{l}\frac{a}{b}=\frac{c}{d}\\ \frac{m}{n}=\frac{p}{q}\end{array}\right\}\frac{a}{b}:\frac{m}{n}=\frac{c}{d}:\frac{p}{q}\ \Big\{\ \frac{a}{b}\times\frac{n}{m}=\frac{c}{d}\times\frac{q}{p}\ \Big\{\ \frac{a\times n}{b\times m}=\frac{c\times q}{d\times p}\ \Big|\ \frac{a}{m}\times\frac{n}{b}=\frac{c}{p}\times\frac{q}{d}\ ;\ \text{d'où}$$

$$\frac{\frac{a}{m}}{\frac{b}{n}}=\frac{\frac{c}{p}}{\frac{d}{q}}.\qquad \text{C. Q. F. D.}$$

Si 4 nombres a, b, c, d, sont en proportion, leurs puissances de même degré sont en proportion.

Hypothèse : $\frac{a}{b}=\frac{c}{d}$.

$$\left.\begin{array}{l}\frac{a}{b}=\frac{c}{d}\\ \frac{a}{b}=\frac{c}{d}\\ \frac{a}{b}=\frac{c}{d}\end{array}\right\}\frac{a}{b}\times\frac{a}{b}\times\frac{a}{b}=\frac{c}{d}\times\frac{c}{d}\times\frac{c}{d}\ \Big|\ \frac{a^3}{b^3}=\frac{c^3}{d^3}\qquad \text{C. Q. F. D.}$$

Si 4 nombres a, b, c, d, sont en proportion, leurs racines de même indice sont en proportion.

Hypothèse : $\frac{a}{b}=\frac{c}{d}$.

$$\frac{a}{b}=\frac{c}{d}\ \Big|\ \sqrt{\frac{a}{b}}=\sqrt{\frac{c}{d}}\ \Big|\ \frac{\sqrt{a}}{\sqrt{b}}=\frac{\sqrt{c}}{\sqrt{d}}.\qquad \text{C. Q. F. D.}$$

Dans toute proportion, la somme ou la différence des deux premiers termes est au second ou au premier, comme la somme ou la différence des deux derniers est au quatrième ou au troisième.

1°.

$$\frac{a}{b}=\frac{c}{d}\left\{\begin{array}{l}\frac{a}{b}+1=\frac{c}{d}+1\ \Big\{\ \frac{a}{b}+\frac{b}{b}=\frac{c}{d}+\frac{d}{d}\ \Big\}\ \frac{a+b}{b}=\frac{c+d}{d}\\ \frac{a}{b}-1=\frac{c}{d}-1\ \Big\{\ \frac{a}{b}-\frac{b}{b}=\frac{c}{d}-\frac{d}{d}\ \Big\}\ \frac{a-b}{b}=\frac{c-d}{d}.\end{array}\right.$$

Cas où les rapports $\frac{a}{b}$ et $\frac{c}{d}$ sont plus petits que l'unité.

$$\left.\begin{array}{l}1=1\\ \frac{a}{b}=\frac{c}{d}\end{array}\right\}1-\frac{a}{b}=1-\frac{c}{d}\ \Big\{\ \frac{b}{b}-\frac{a}{b}=\frac{d}{d}-\frac{c}{d}\ \Big\}\ \frac{b-a}{b}=\frac{d-c}{d}.$$

2° $\frac{a}{b}=\frac{c}{d} \Big\} \frac{b}{a}=\frac{d}{c} \left\{ \begin{array}{l} \frac{b}{a}+1=\frac{d}{c}+1 \Big\} \frac{b}{a}+\frac{a}{a}=\frac{d}{c}+\frac{c}{c} \Big\} \frac{b+a}{a}=\frac{d+c}{c} \\ \frac{b}{a}-1=\frac{d}{c}-1 \Big\} \frac{b}{a}-\frac{a}{a}=\frac{d}{c}-\frac{c}{c} \Big\} \frac{b-a}{a}=\frac{d-c}{c}. \end{array} \right.$

Dans toute proportion, la somme ou la différence des deux premiers termes est à la somme ou à la différence des deux autres, comme le 2e est au 4e, ou comme le premier est au troisième.

$$1° \left\{ \begin{array}{l} \frac{a}{b}=\frac{c}{d} \Big\} \frac{a+b}{b}=\frac{c+d}{d} \Big\} \frac{a+b}{c+d}=\frac{b}{d}. \\ \frac{a}{b}=\frac{c}{d} \Big\} \frac{a-b}{b}=\frac{c-d}{d} \Big\} \frac{a-b}{c-d}=\frac{b}{d}. \end{array} \right.$$

$$2° \left\{ \begin{array}{l} \frac{a}{b}=\frac{c}{d} \Big\} \frac{b}{a}=\frac{d}{c} \Big| \frac{b+a}{a}=\frac{d+c}{c} \Big| \frac{b+a}{d+c}=\frac{a}{c} \\ \frac{a}{b}=\frac{c}{d} \Big\} \frac{b}{a}=\frac{d}{c} \Big| \frac{b-a}{a}=\frac{d-c}{c} \Big| \frac{b-a}{d-c}=\frac{a}{c}. \end{array} \right.$$

Dans toute proportion, la somme des deux premiers termes est à leur différence comme la somme des deux derniers est à leur différence.

$$\frac{a}{b}=\frac{c}{d} \left\{ \begin{array}{l} \frac{a+b}{c+d}=\frac{b}{d} \\ \frac{a-b}{c-d}=\frac{b}{d} \end{array} \right. \Big| \frac{a+b}{c+d}=\frac{a-b}{c-d} \Big| \frac{a+b}{a-b}=\frac{c+d}{c-d}.$$

Dans toute proportion, la somme ou la différence des antécédents est à la somme ou à la différence des conséquents comme un antécédent est à son conséquent.

$$\frac{a}{b}=\frac{c}{d} \Big| \frac{a}{c}=\frac{b}{d} \left| \begin{array}{l} \frac{a+c}{b+d}=\frac{a}{b}=\frac{c}{d} \\ \frac{a-c}{b-d}=\frac{a}{b}=\frac{c}{d}. \end{array} \right.$$

Dans toute proportion, la somme des antécédents est à leur différence comme la somme des conséquents est à leur différence.

$$\frac{a}{b}=\frac{c}{d} \Big| \frac{a}{c}=\frac{b}{d} \left| \begin{array}{l} \frac{a+c}{b+d}=\frac{c}{d} \\ \frac{a-c}{b-d}=\frac{c}{d} \end{array} \right| \frac{a+c}{b+d}=\frac{a-c}{b-d} \Big| \frac{a+c}{a-c}=\frac{b+d}{b-d}.$$

Dans une suite de rapports égaux, la somme de tous les antécédents est à la somme de tous les conséquents, comme un antécédent quelconque est à son conséquent.

$$\frac{a}{b}=\frac{c}{d}=\frac{m}{n}=\frac{p}{q}.$$

$$\frac{a}{b}=\frac{c}{d} \Big| \frac{a+c}{b+d}=\frac{c}{d}=\frac{m}{n} \Big| \frac{a+c+m}{b+d+n}=\frac{m}{n}=\frac{p}{q} \Big| \frac{a+c+m+p}{b+d+n+q}=\frac{p}{q}=\frac{m}{n}=\frac{c}{d}=\frac{a}{b}.$$

Autre démonstration

$$\frac{a}{b} = \frac{c}{d} = \frac{m}{n} = \frac{p}{q} = Q.$$

$$\left.\begin{array}{l|l} \frac{a}{b} = Q & a = bQ \\ \frac{c}{d} = Q & c = dQ \\ \frac{m}{n} = Q & m = nQ \\ \frac{p}{q} = Q & p = qQ \end{array}\right| a+c+m+p = Q(b+d+n+q) \text{ ; d'où}$$

$$\frac{a+c+m+p}{b+d+n+q} = Q = \frac{a}{b} = \frac{c}{d} = \frac{m}{n} = \frac{p}{q} \qquad \text{C. q. F. D.}$$

Partager un nombre A en parties proportionnelles à des nombres a, b, c, d.

Soient v, x, y, z, les différentes parties. On doit avoir :

$$\frac{a}{v} = \frac{b}{x} = \frac{c}{y} \ldots\ldots$$

On vient de voir que dans une suite de rapports égaux, la somme des numérateurs & la somme des dénominateurs forment un rapport égal à chacun des rapports donnés ; donc on a :

$$\left.\begin{array}{l} \frac{a+b+c\ldots}{v+x+y\ldots} \text{ ou } \frac{a+b+c}{A} = \frac{a}{v} \\ \qquad = \frac{b}{x} \\ \qquad = \frac{c}{y} \\ \qquad \vdots \end{array}\right\} \text{d'où} \quad \begin{array}{l} v = \frac{a \times A}{a+b+c\ldots} = \frac{A}{a+b+c\ldots} \times a \\ x = \frac{b \times A}{a+b+c\ldots} = \frac{A}{a+b+c\ldots} \times b \\ y = \frac{c \times A}{a+b+c\ldots} = \frac{A}{a+b+c\ldots} \times c \\ \ldots\ldots\ldots \end{array}$$

Règle. Pour partager un nombre en parties proportionnelles à des nombres donnés, il faut le diviser par la somme des nombres donnés, & multiplier séparément ce quotient par chacun de ces nombres.

Problèmes d'Arithmétique

donnés dans les examens et les Concours publics

Un négociant a acheté à raison de 25 francs l'hectolitre, 30 barriques de vin d'une contenance moyenne de 218 litres, il a dépensé en plus 250f pour frais de transport et de droits d'octroi. Le vin est mouillé, c'est-à-dire mélangé d'eau, à raison de 18 %. On demande combien le négociant devra vendre l'hectolitre du liquide ainsi préparé pour gagner 20 % sur le chiffre de ses dépenses.
(Brevet de capacité)

Il y a en France 312607 hectares cultivés en betteraves, ils produisent annuellement [illegible]977 quintaux métriques de racines. La betterave rend 5,50 % de son poids en sucre. On demande : 1° le rendement d'un hectare en racines, 2° Quel est en quintaux, tonnes et kilogrammes le poids du sucre produit annuellement 3° La quantité de sucre que pourrait consommer annuellement chaque habitant, abstraction faite de toute importation ou exportation, la population de la France étant de 36 millions d'habitants. (Brevet de capacité)

Un bassin de forme rectangulaire a les dimensions suivantes :

Longueur 1,85

Largeur 0m.75

Profondeur 0m.58

Il se remplit au moyen d'un robinet qui donne 2 litres d'eau par minute. Combien de temps faudra-t-il pour remplir ce bassin, les deux robinets étant ouverts à la fois. (Brevet de capacité)

Une usine à gaz emploie chaque mois 300000 kilog. de houille. On sait que 200 kilog. de houille donnent 45 mètres cubes de gaz et 50 kilog. de coke. Le bénéfice net est de 1f.50 par 1000 hectol. de gaz et de 3f.50 par tonne de coke. Un capitaliste achète cette usine ; on demande quelle somme il a donnée, sachant que son argent a été placé au taux de 8 %. (Brevet de capacité)

En 5 années un commerçant a pu mettre de côté 54000f. Sachant que la 2e année il a mis de côté $\frac{2}{9}$ en plus de ce qu'il avait mis de côté la première, la 3e année, 12885 fr. la 4e année, $\frac{1}{11}$ en moins de ce qu'il avait mis de côté la seconde ; et enfin la 5e autant que la seconde, plus 115f. Combien a-t-il économisé chaque année ?
(Brevet de capacité)

Une usine à gaz est chargée d'alimenter annuellement 2600 becs pendant 1440 heures. On sait qu'un bec consomme 130 litres de gaz par heure, et que la distillation d'un hectolitre de houille donne 18 mètres cubes 548 de gaz. Combien cette usine consomme-t-elle d'hectolitres de houille dans l'année
(Brevet de capacité)

Pour entourer d'un mur un terrain de forme carrée qui contient 105625 mètres de surface, on emploie 4 ouvriers au prix de 2f.25 le mètre courant.

Le premier en fait 5 mètres en 4 jours ;

Le deuxième, 9 mètres en 11 jours,

Le troisième 10 mètres en 13 jours;

Le quatrième 12 mètres en 14 jours.

On demande de calculer à moins de dix centimes près la somme qui devra être payée à chacun après l'achèvement du mur. (Enregistrement)

8. Un chemin de fer prend pour le transport du houille 0f 097 par tonne et par kilomètre et de plus un droit fixe de 2f 10 par wagon contenant 3240 hectolitres. Quel sera le prix de revient de 25920 hectolitres achetés au prix de 2f 50 l'un, et transportés par chemin de fer à 10 myriamètres ? On sait qu'un hectolitre de houille pèse 80 kilogrammes. (Brevet de capacité)

9. On demande quelle est la distance qui sépare un observateur du point de l'atmosphère où a jailli une étincelle électrique, sachant qu'il s'est écoulé 8 secondes entre l'apparition de l'éclair et l'audition du premier éclat de tonnerre, la température étant de 29°. On admet que la vitesse du son dans l'air à la température de 10° est de 337m 2 par seconde et qu'elle s'accroît de $\frac{1}{6}$ de mètre par chaque augmentation de 1° dans la température. (Télégraphie)

10. En souscrivant, au premier avril, une obligation de la ville de Paris au prix de 440 fr. on paie immédiatement 140 fr. et le reste tous les six mois par sommes de 100 fr., dont l'escompte sera calculé à 6%. À quel taux se trouve acquise cette obligation si elle rapporte tous les six mois une somme de 10 fr. ? (Banque de France)

11. Il est tombé dans une journée 1 millimètre $\frac{3}{10}$ de pluie. Combien a-t-on pu en recueillir de litres dans un vase ayant une ouverture carrée de 1m 25 de côté et placé horizontalement ? (Brevet de capacité)

12. Les militaires voyageant en chemin de fer ne payent que $\frac{1}{4}$ de place. On sait d'ailleurs que le tarif de la 1re classe dépasse de 82 % celui de la 3e. On demande si un officier qui se rend en 1re d'Aix-les-Bains à Paris, paie plus ou moins qu'un petit commerçant qui prend les troisièmes pour aller d'Aix-les-Bains à Tonnerre. La distance d'Aix-les-Bains à Tonnerre est de 386 kilomètres. La distance de Tonnerre à Paris est de 197 kilomètres. (Brevet de capacité)

13. Un maître d'hôtel d'Aix-les-Bains, voulant se procurer 110 hectolitres de vin de Mâcon, a demandé à un commerçant de ce pays 44 pièces, ne sachant pas que la contenance du fût le plus usuel dans le Mâconnais n'est que de 228 litres.

Il résulte de cette erreur que la facture reçue par lui est inférieure de 135f 68 à ce qu'il avait prévu. On demande d'après cela : 1° ce que coûte le litre de vin ; 2° à combien revient la fourniture réellement faite ; 3° combien de fûts le maître d'hôtel devra redemander pour atteindre à la quantité qu'il avait l'intention de se procurer, en la dépassant le moins possible. (Brevet de capacité)

14. Un marchand a acheté 300 + $\frac{1}{5}$ mesures de blé à 27f $\frac{2}{7}$ la mesure, et 501 − $\frac{1}{4}$ mesures d'orge

18 f. — $\frac{1}{12}$ la mesure. Il revend les $\frac{3}{5}$ de son blé avec un bénéfice de 1f. + $\frac{1}{13}$ par mesure, & les $\frac{4}{5}$ de son orge avec un bénéfice de 1f. — $\frac{1}{3}$ par mesure. Quelle somme, en francs & en centimes le marchand a-t-il reçue en totalité, & quelle somme représente son bénéfice? (Postes)

15. On veut amender un terrain complètement dénué de calcaire avec de la marne renfermant 70 % de calcaire, on répand à cet effet sur le sol 82 mètres cubes de marne par hectare, & on les mélange à la couche superficielle du sol au moyen de labours répétés. Sachant que cette couche a une épaisseur de 0m,18, on demande quelle proportion de calcaire elle renferme après l'opération. (Brevet de capacité)

16. Des terrains domaniaux ont été vendus en trois lots : Le premier d'une contenance de 30 ares 60 centiares, moyennant 3 fr. 75 le mètre carré ; le second, de 272 mètres, au prix de 5 f. 40 le mètre ; & le troisième, de 2 hectares 40 centiares, moyennant 1f. 60 le mètre. — Un cinquième de ce prix a été payé comptant.

Dresser un tableau indiquant pour chaque lot, les noms & domicile de l'adjudicataire, la contenance du terrain, le prix par mètre & par lot, la portion payée & celle restant à payer, & faisant connaître le total de ces 3 dernières sommes. (Enregistrement)

17. Deux personnes ont : la 1re 48f. 75, la 2e 35f. 50. Quelle somme la première doit-elle remettre à la deuxième pour que celle-ci ait $\frac{1}{3}$ de plus que celle là? (Banque de France)

18. Une vache a donné, dans une année, assez de lait pour faire 65 kilogrammes de beurre, dont le prix moyen a été de 2f. 80 le kilogr. ; le prix du lait a été de 0f. 20 le litre. On sait, d'autre part, qu'avec 100 litres de lait, on fabrique 4 kilog. $\frac{1}{8}$ de beurre. Cela posé, on demande : 1o. s'il est plus avantageux, pour le propriétaire de cette vache, de vendre directement son lait ou d'en faire du beurre ; 2o. quel devrait être le prix du kilogramme de beurre pour qu'il fût indifférent de vendre le lait directement ou de le convertir en beurre? (Brevet de capacité)

19. Une personne qui devait payer une dette le 10 novembre, ne l'a payée que le 15 Janvier, ce qui a augmenté la dette de 42f. L'intérêt étant de 5 % par an, que devait cette personne? (Contributions Indirectes)

20. Une somme au bout de 136 jours s'est élevée, avec les intérêts, à 24572f. 30 & au bout de 310 jours à 25895 fr. 25. D'après cela, trouver le capital placé & le taux du placement. (Banque de France)

21. Quel est le nombre qui augmenté de son $\frac{1}{3}$, de son $\frac{1}{4}$ & de 10, donne 48? (Banque de France)

22. On veut faire de l'argent au titre de 0,835 en fondant ensemble de l'argent au titre de 0,900 & du cuivre. Combien faudra-t-il prendre de cuivre & d'argent au titre de 0,900 pour avoir 1 kilog. d'argent au titre de 0,835? (Arts-et-Métiers)

Problèmes donnés dans l'Académie de [illegible] de 1871 à 1879, aux examens des aspirants et des aspirantes au [illegible]

Année 1871. 23. L'un des côtés d'un champ de forme rectangulaire est les [illegible] et la somme de ces côtés est 216 mètres. On a cultivé dans ce champ des pommes de terre. Les [illegible] récolte ont été employés à faire de la fécule, et la fécule ainsi obtenue pèse 4352 kilogr. [illegible] que 5 kilogrammes de pommes de terre rapportent 965 grammes de fécule, et que 1 hectol. de pommes de terre pèse en moyenne 62 kilogrammes. On demande combien ce champ rapporte d'hect. de pommes de terre par hectare.

(Aspirants. — Brevet [illegible]

24. Un capital de 108 fr. a été placé à intérêts composés pendant 3 ans et 8 mois à 4 3/4 %. La somme ainsi obtenue et qu'on supposera représentée par de la monnaie d'argent au titre de 0,835, on ajoute le poids d'argent pur nécessaire pour faire un alliage au titre de 0,900. Cet alliage passé à la filière donne un fil cylindrique, dont les $\frac{3}{7}$ contournés sous forme d'un carré embrassent une superficie de 2 ares 56. On demande quel est le diamètre de ce fil.

Le poids spécifique de l'alliage dont ce fil est formé est supposé égal à 10,1.

(Aspirants. — Brevet [illegible]

25. Le produit de 51 ares de bois destiné au chauffage est de 47 stères $\frac{3}{4}$ dans une forêt d'un sol de qualité moyenne lorsque la coupe est de 10 ans. — Le quintal de bois de chauffage se vend [illegible] et le bois pèse les 0,78 de ce que l'eau pèse sous le même volume.

Quelle serait, d'après ces données, la surface d'une forêt dans les $\frac{2}{7}$ de laquelle on a fait une coupe de 10 ans, sachant que le produit de cette coupe a été vendu 9845 francs.

(Aspirantes. — Brevet [illegible]

26. Une personne possède une fortune de 25000 francs. Elle en place une partie à 4 % et l'autre à 5 1/4 %. Avec les $\frac{2}{11}$ de son revenu elle achète : 1° Un titre de 65f de rente 3% au cours de 69f 50, elle paie les frais de courtage qui sont de 1/8 % du capital engagé et un droit fixe de [illegible] 2° Un terrain de forme carrée dont le côté est 25 m. 4 au prix de 415 fr. l'are. On demande quelles sont les deux parties de cette fortune qui sont respectivement placées à 4 % et à 5 1/4 p. %.

(Aspirantes. — Brevet [illegible]

27. Voir le N° 351 des problèmes contenus dans notre méthode pour la résolution des problèmes d'arithmétique.

(Aspirants. — Brevet [illegible]

28. Pour réaliser l'emprunt national de deux milliards du 27 Juin 1871, les rentes 5 % sont [illegible] au taux de 82f 50. Les souscripteurs paient 12 francs en souscrivant, et le reste en 16 termes [illegible] égaux à partir du 21 août 1871.

En tenant compte de la valeur actuelle (au 27 Juin) de ces différents paiements, on demande de calculer la somme que doit verser au 27 juin un souscripteur à 5 fr. de rente, s'il veut se libérer complètement. On demande en outre à combien pour cent il place son argent. On calculera

... si l'on admettait qu'à partir du 21 août ... jours.

(Aspirants. Brevet complet)

... le n° 227 des problèmes contenus dans notre méthode pour la résolution des problèmes d'arithmétique.

(Aspirants. Brevet simple)

La somme de $\frac{3}{8}$ et de $\frac{11}{12}$ d'un nombre est inférieure de $17\frac{1}{2}$ au double de ce nombre ... ?

(Aspirants. Brevet simple)

Un négociant doit trois billets portant la même somme et payables, le premier dans 3 mois, ... , et le 3e dans un an et 3 mois. Il s'acquitte en payant comptant une somme de 1780 francs et en souscrivant un nouveau billet de 865 francs payable dans 3 mois. Quelle est la valeur de chacun des 3 premiers billets? L'escompte se fait en dehors, suivant l'usage ... à raison de 6% par an.

(Aspirantes. Brevet complet)

Année 1872. Voir le n° 558 des problèmes contenus dans notre méthode pour la résolution des problèmes d'arithmétique.

(Aspirants. Brevet simple)

Un capital de 75000f, placé pendant 2 ans 3 mois et 8 jours, à 5% à intérêts composés, produit avec l'addition des intérêts une certaine somme. Cette somme a été divisée en 2 parties qu'on a placées, la première à $4\frac{1}{4}$% et la 2e à $5\frac{1}{2}$ p. %; le revenu annuel résultant de ces deux placements est de 3918 fr. On demande: 1° quelles sont ces 2 parties; 2° s'il aurait été plus avantageux d'acheter avec cette somme de la rente 5% au cours de 91f 50, en payant les frais de courtage et de timbre qui sont respectivement $\frac{1}{8}$ p. % et de 1f 50.

Aspirants. (Brevet complet)

Voir le n° 560 des problèmes contenus dans notre méthode pour la résolution des problèmes d'arithmétique.

(Aspirantes. Brevet simple)

Un cultivateur voulant faire creuser un fossé de 1820 mètres de long a à sa disposition: 1° 3 ouvriers qui pourraient à eux trois, creuser le fossé en 30 jours; 2° 4 ouvriers qui pourraient le creuser en 25 jours; 3° 10 ouvriers qui le creuseraient en 15 jours. Pour aller plus vite, il les emploie tous. Combien de temps durera le travail, et combien chaque ouvrier creusera-t-il de mètres?

(Aspirants. Brevet simple)

Sachant que l'eau de mer pèse 1027 grammes par litre, et contient $2\frac{1}{2}$ pour cent de son poids de sol, que ce sel se vend 18 fr. 50 les 100 kilogr., calculer: 1° Le nombre de mètres cubes d'eau de mer qu'il faudra faire évaporer pour en retirer 664 fr. de sel; 2° Ce qu'il faudrait ajouter d'eau douce au volume précédent, pour amener l'eau à ne renfermer que ...% de sel; 3° à quel volume sera réduite cette eau lorsqu'elle contiendra d'abord ..., puis 15 p. % de sel.

(Aspirantes. Brevet simple)

Un propriétaire place les $\frac{3}{4}$ de sa fortune dans une entreprise industrielle, et le reste dans une autre. La première lui donne au bout d'un an un dividende de 20%, mais la 2e fait faillite et ne donne à ses créanciers que 52 %. Néanmoins, le propriétaire gagne en réalité 1803 francs. Alors il place ce qui lui reste de sa fortune (non compris les 1803 francs) à intérêts à 6 p. % par an : que recevra-t-il au bout de 8 mois 12 jours ? (Aspirantes. – Brevet complet)

Année 1873. 38. 1° Un hectare donne par an 3 récoltes de luzerne fraîche, pesant chacune 34650 kilog. Ce fourrage se vend sec 54 fr. 75 les 1000 kilog. Sachant que le produit annuel d'un terrain de 153 m. de long sur 74 de large a été vendu 2770 fr 75, on demande combien p. % la luzerne fraîche perd de son poids par la dessication ? (Aspirantes. Brevet simple)

39. 2° Deux personnes se sont partagées une somme de 5225 f. 60. La première perd les $\frac{2}{9}$ de sa part, & la seconde perd le $\frac{1}{5}$ de la sienne. Elles sont alors aussi riches l'une que l'autre. Quelles étaient leurs parts ?

40. 2° Un négociant devant payer 750 francs dans 8 mois, en paie 290 f au bout de 3 mois ½, à quelle époque devra-t-il solder le reste ?

(Aspirantes. – Brevet complet.)

41. 1° Deux compagnies d'ouvriers peuvent faire le même travail, l'une en 11 jours, l'autre en 15 jours. On prend le ⅓ des ouvriers de la première compagnie & les $\frac{3}{5}$ de ceux de la seconde. En combien de jours se fera l'ouvrage.

42. 2° L'argent pur valant 222 fr le kilog. & le cuivre 370 fr. le quintal, que gagne-t-on après avoir fabriqué 90000 pièces de 1 f. (Aspirants. – Brevet simple)

43. On suppose que les bénéfices d'un négociant dans le courant de chaque année, représentent le $\frac{1}{4}$ de la somme dont il disposait au commencement de cette année, & qu'il engage ses nouveaux capitaux dans son commerce comme il le faisait pour les précédents. Au bout de 3 ans, il se retire avec une fortune qui, placée à 6 % par an, lui permet de dépenser 171 fr. par mois. Quelle était sa première mise de fonds ? (Aspirants. – Brevet complet)

44. 1° Un marchand a acheté 31 mètres de drap à 18 f. 75 le mètre, il en a vendu 14 mètres en gagnant 11 p. % sur le prix d'achat. En vendant le reste, il gagne 29 fr. sur ce reste. Combien ce marchand a-t-il gagné p. % sur la totalité ?

45. 2° Un marchand vend du bois de chauffage, soit à raison de 2 f. 75 le stère, soit à raison de 23 f. 50 le stère, soit à raison de 2 f. 75 le quintal métrique. De quel côté est l'avantage pour l'acheteur, le bois pesant les $\frac{62}{100}$ de ce que pèse l'eau sous le même volume ? (Aspirantes. – Brevet simple)

46. Un marchand a trois sortes de vin : le premier coûte 127 fr. la barrique de 230 litres ; le second coûte 78 f. la barrique 210 litres. Il mélange 11 barriques $\frac{1}{3}$ du premier avec 14 barriques ¼ du second. Il ajoute à ce mélange 16 hectolitres 55 du troisième vin. Le mélange obtenu ainsi lui revient à 150 fr la barrique de 200 litres. On demande ce que vaut l'hectolitre du 3e vin.

(Aspirantes. – Brevet complet)

47. 1° Quelle est la capacité d'un vase, sachant que l'huile qui remplit les $\frac{5}{7}$ de ce vase pèse autant que la monnaie d'argent qui vaut 385 f. 50. L'hectolitre d'huile pèse 90 kilogrammes ?

2°. On a acheté pour 44 f. 50, 8 kilog. de sucre, 7 kilog. de chocolat & 2 kilog. de thé. On sait que 3 kilog. de chocolat ont la même valeur que 5 kilog. de sucre & que 2 k. de thé valent 6 k. de chocolat. Combien vaut le k. de chacune des 3 substances ?

48. Une somme de 103850 fr. provient d'un capital qui a été placé pendant 3 ans & 7 mois à intérêts composés à 5 ½ p. %. Ce capital lui-même représente les $\frac{7}{9}$ du prix de vente d'un champ de forme rectangulaire qui a 385 mètres de longueur, sachant que ce terrain a été vendu 7650, calculer la longueur du champ. ((Aspirants. – Brevet complet)

Année 1874. 49. Comment multiplie-t-on : 1° Un nombre entier par une fraction ; 2° une fraction par une fraction ? Quel sens attache-t-on, dans ces deux cas à l'expression multiplier ?

... en ajoutant à une somme d'argent ses intérêts, on obtient une nouvelle somme qui placée à intérêts pendant 8 mois à 6 p %, devient en tout 1850 francs. — Quelle est la première somme ?

(Aspirants — Brevet simple)

Une personne verse, d'année en année, chez un banquier une somme de 1000 fr à quatre reprises différentes. Au milieu de la 5e année, elle retire 850f, et demande qu'on lui donne ce qui lui est dû à l'expiration de la cinquième année. — En supposant l'intérêt à 5 % et capitalisé à la fin de chaque année, que recevra cette personne ?

(Aspirants — Brevet simple)

51. 1° Quels sont les changements que l'on peut faire subir aux deux termes d'une fraction sans altérer la valeur ? Explications détaillées, et exemples à l'appui.

52. 2° Un poteau vertical est partagé en 3 parties. L'une blanche a 0m 47 de long, l'autre bleue vaut les $\frac{5}{12}$ de la longueur totale, et la longueur de la 3e, qui est noire, s'obtient en ajoutant 0m 70 aux $\frac{2}{9}$ de la longueur du poteau. Quelles sont les longueurs de la partie bleue et de la partie noire ?

(Aspirantes — Brevet simple)

53. 1° Exposer la marche à suivre pour résoudre une règle de société, lorsque les mises n'ont pas été placées pendant le même temps. — Choisir un exemple. (Voir notre méthode pour la résolution des problèmes d'arithmétique, page 56.)

54. 2° Deux personnes se sont partagé un héritage, il y a un an ½. L'une, qui a reçu les $\frac{2}{9}$ de l'héritage de plus que l'autre, a immédiatement placé sa part à intérêts à 6 p %, et elle obtient ainsi, en tout, une somme qui lui permet d'acheter une inscription de rente de 500f en 3 p % au taux de 58f 25. Quelle était la valeur de l'héritage ?

Nota. On tiendra compte du courtage dans l'achat du titre de rente.

(Aspirantes — Brevet complet)

54. 1° Combien un décimètre cube vaut-il de centimètres cubes ? — Démonstration.

55. 2° On a acheté pour 219f, 5 mètres ⅓ de drap, 6 mètres $\frac{1}{5}$ de mérinos, 9 mètres ¾ de soie. 5 mètres de drap valent autant que 12 mètres de mérinos, et 8 mètres de mérinos valent autant que 3 mètres de soie. Quel est le prix du mètre de chaque étoffe ? (Aspirants — Brevet simple)

56. 1° Qu'entend-on, en général, par règle de trois ? — Voir notre méthode pour la résolution des problèmes d'arithmétique page 6.

57. 2° Une personne place les $\frac{2}{11}$ de sa fortune à 6 p %, les $\frac{5}{16}$ à 5 % et le reste à 4 p. %. Au bout de l'année, elle a dépensé les $\frac{5}{7}$ de son revenu, et le reste de ce revenu ayant été placé pendant 2 ans et 5 mois à intérêts composés et à 6 p %, est devenu 3400 fr. On demande quelle est la fortune de cette personne ?

(Aspirants — Brevet complet)

Année 1875. 58. 1° Peut-on multiplier ou diviser les deux termes d'une fraction par un même nombre sans changer la valeur de cette fraction ? — Peut-on augmenter ou diminuer les deux termes d'une fraction d'une même quantité sans altérer la valeur de cette fraction ?

59. 2° Une pompe peut épuiser un bassin en 7 heures ½, une autre l'épuiserait en 5 heures. Si on les fait fonctionner en même temps, combien faudra-t-il d'heures pour épuiser

le bafin ?

(Aspirantes – Brevet simple)

60. 1°. Lorsqu'une personne doit plusieurs sommes payables à différentes époques, comment calcule-t-on l'époque à laquelle elle peut se libérer par un seul paiement, dont le montant est égal à la somme des dettes ? (Voir notre méthode pour la résolution des problèmes d'arithmétique, page 32)

61. 2°. La valeur intrinsèque d'une chaîne d'or pesant 72 grammes est de 231f 90 ; quel en est le titre ?

(Aspirantes – Brevet complet)

62. 1°. Comment réduit-on plusieurs fractions au même dénominateur ? Comment les réduit-on au plus petit dénominateur commun ?

63. 2°. Une personne qui devait payer une dette le 10 Novembre, ne l'a payée que le 15 Janvier, ce qui a augmenté la dette de 42 francs. L'intérêt étant de 5 p. % par an, que devait cette personne ?

(Aspirants – Brevet simple)

64. 1°. Établir la formule des intérêts composés. –

65. 2°. On place 6548f à intérêts composés à 4 %, un an après, 6616 fr. Trois ans après le deuxième placement, les deux sommes ont acquis la même valeur ; quel est le taux du second placement ?

(Aspirants – Brevet complet)

66. 1°. Énoncer et démontrer la règle de multiplication des nombres décimaux. – Raisonner sur l'exemple 3,28 × 5,4.

67. 2°. Un marchand a acheté 7 barriques de vin au prix de 400 f. la barrique ; à tout ce vin il ajoute 114 litres d'eau et vend ce mélange à raison de 1f 50 les 75 litres. Il fait ainsi un bénéfice de 447f 20. Quelle est la contenance de chaque barrique ? (Aspirantes – Brevet simple)

68. 1°. Partager un nombre en parties proportionnelles à des nombres donnés. – Prendre un exemple pour expliquer ce que signifie cette question et pour la résoudre. (Voir notre méthode pour la résolution des problèmes d'arithmétique, page 49)

69. 2°. Un propriétaire emploie la 9e partie de sa fortune pour acheter une maison, avec le quart du reste, il achète un bois, enfin de ce qui lui reste, il fait deux parts qui sont entre elles comme 2 et 3. La 1re de ces parts étant placée à 4 % et la seconde à 5 1/2 p. %, il se fait un revenu annuel de 3870f. On demande quelles sont les sommes placées à 4 p. % et la seconde à 5 1/2 p. %, la fortune entière et le prix de la maison et du bois ?

(Aspirantes – Brevet simple)

70. 1°. Comment fait-on pour trouver le quotient d'un nombre entier par un nombre entier lorsque le diviseur étant composé de plusieurs chiffres, le quotient n'a qu'un chiffre.

71. 2°. Un marchand a vendu une certaine quantité de sucre en 3 lots. Le premier, qui représente les 2/5 de cette quantité, a été vendu avec un bénéfice de 6f 50, le deuxième, qui représente les 3/4 du reste, a été vendu avec un bénéfice de 8f 25, et sur le reste, qui pèse 10 kilog, on a perdu 4f. Le tout a été vendu 122f 75. On demande : 1° le poids total du sucre, 2° le prix d'achat, 3° le gain moyen fait sur chaque kilog. ?

(Aspirants – Brevet simple)

72. 1°. En quoi consiste le problème de l'échéance commune de plusieurs billets ? Prendre un

complètement résoudre la question. — (Voir notre méthode pour la résolution des problèmes d'arithmétique)

73. 2° Le centimètre cube d'or pèse 19 gr. 3, le centimètre cube d'argent pèse 10 gr. 5. On propose d'allier à 250 gr. d'or un poids d'argent, tel que le centimètre cube de l'alliage pèse 13 gr. 6. On supposera que l'alliage se fait sans changement de volume. (Aspirants. - Brevet complet)

Année 1876. 74. Comment réduit-on une fraction à sa plus simple expression? Appliquer la méthode à la fraction $\frac{107640}{134550}$.

75. 2° Une fontaine peut remplir un bassin en 7 heures, un robinet peut le vider en 11 heures. Le $\frac{1}{3}$ du bassin étant déjà plein, on laisse couler la fontaine et on ouvre le robinet. Au bout de combien de temps, les $\frac{3}{4}$ du bassin seront-ils remplis? (Aspirantes. - Brevet simple)

76. 1° Qu'appelle-t-on escompte? Peut-on calculer l'escompte de plusieurs manières? (Voir notre méthode pour la résolution des problèmes d'arithmétique, page 38)

77. 2° On propose d'escompter un billet de 2450 francs payable dans 30 jours. L'escompte se fait suivant les usages du commerce à 6 p. % par an; de plus le banquier prélève 1/4 p. % pour frais de commission et $\frac{1}{10}$ p. % pour frais de correspondance. — Quel est le taux réel de l'escompte par an?

(Aspirantes. - Brevet complet)

78. 1° Qu'est-ce qu'un nombre premier? Comment reconnaît-on qu'un nombre est premier? Le nombre 323 est-il premier?

2° 79. Quelle somme faut-il placer en ce moment à 5 % pour recevoir dans 3 mois et 18 jours 875 francs, capital et intérêts?

(Aspirants. - Brevet simple)

80. Quelqu'un achète un bois où l'on vient de faire une coupe. Il l'exploite en taillis, c'est-à-dire en y faisant une coupe tous les six ans. Il paie 10000 fr. d'achat et débourse chaque année 80 fr. pour impôts et entretien. Que devra lui rapporter chaque coupe pour que toutes les sommes qu'il a dépensées lui portent intérêt composé à 5 p. %?

(Aspirants. Brevet complet)

81. 1° Comment fait-on pour convertir une fraction ordinaire en fraction décimale?

82. 2° Deux personnes ont hérité ensemble une somme de 18300 francs. La 1re ayant dépensé les $\frac{2}{5}$ de sa part, et la seconde les $\frac{3}{7}$ de la sienne, il reste à la 1re deux fois plus qu'à la seconde. Quelles sont les deux parts d'héritage? (Aspirantes. - Brevet simple)

83. 1° Définir le titre d'un alliage. Déduire de la définition le moyen de calculer: 1° le poids du métal par rapport auquel est pris le titre, quand on connaît le titre et le poids de l'alliage; 2° le poids de l'alliage, quand on connaît le titre et le poids du métal par rapport auquel on prend le titre.

84. 2° Un marchand, en vendant 258 mètres d'une première étoffe, à raison de 2f 75 le mètre, a fait une perte de 23 p. % sur le prix d'achat; d'un autre côté, il a vendu pour 487 fr. d'une deuxième étoffe qui lui avait coûté 450 fr. On demande: 1° Combien il a gagné ou perdu p. % sur l'ensemble des deux marchés. 2° Combien il aurait dû vendre le mètre de la première étoffe pour ne faire ni gain, ni perte sur cet ensemble.

(Aspirants. - Brevet simple)

85 1°. Énoncer nettement la règle pratique à suivre pour exprimer la valeur de l'inconnue dans une règle de trois composée.

86. 2°. Un stère de bois de charme pèse 410 kilog. et coûte 21f à un marchand ; un stère de bois de sapin pèse 315 kilog. et coûte 16f. Le marchand fait avec ces deux bois un mélange dont le stère pèse 350 kilog. Combien devra-t-il vendre le stère de ce mélange pour gagner 20 p. %

(Aspirants. Brevet complet)

87. Année 1877. 1°. Valenciennes et Cambrai sont reliés par un chemin de fer de 36 kilomètres ; le transport de la houille coûte 0,04 par kilomètre et par tonne. En supposant que la tonne de houille coûte 19 francs à Valenciennes et 19f 50 à Cambrai, on demande en quel point de la route il est indifférent de faire venir le charbon de Valenciennes ou de Cambrai ?

88. 2°. Comment réduit-on plusieurs fractions au même dénominateur ? Raisonner sur l'exemple suivant : $\frac{21}{35}$, $\frac{13}{20}$, $\frac{5}{14}$

(Aspirantes. Brevet simple)

88. 1°. Expliquer le sens de cette phrase : Partager un nombre en parties inversement proportionnelles à des nombres donnés. Comment résout-on cette question ? (Voir notre méthode pour la résolution des problèmes d'arithmétique)

89. 2°. Rattacher à la question précédente le problème suivant.

Deux courriers pouvant parcourir une route, l'un en huit heures et demie, l'autre en 10 heures et un quart, se dirigent l'un vers l'autre des deux extrémités de la route. On demande quelle est la fraction de la route parcourue par chacun d'eux, au moment où ils se rencontrent.

(Aspirantes. Brevet complet)

90. 1°. Comment fait-on la soustraction des nombres entiers accompagnés de fractions ? Quels sont les différents cas qui peuvent se présenter ?

91. 2°. Un libraire a acheté 78 volumes cotés 1f 25, avec une remise de 15 p. %, et treize pour douzaine. Il les revend au prix marqué. Calculer ce qu'il a payé et ce qu'il a gagné pour cent.

(Aspirants. Brevet simple)

92. 1°. Que signifie l'expression : base d'un système de logarithmes ? Quel avantage trouve-t-on à se servir des logarithmes dont la base est 10 ? Que fait connaître la caractéristique, soit positive, soit négative d'un de ces logarithmes ?

93. 2°. Une personne ayant fait deux parts d'un capital de 4500f, a placé la première à 5 1/2 p. % et la seconde à 4 p. % ; ce qui lui fait un revenu de 202f 50. Quelles sont les parts ?

(Aspirants. Brevet complet)

93. 1°. Multiplication d'une fraction par une fraction. Prendre pour exemple $\frac{3}{8} \times \frac{5}{7}$

94. 2°. Un marchand a acheté, pour la somme de 4000f le bois de chauffage qui remplit aux $\frac{2}{3}$ un magasin dont les 3 dimensions sont 5m, 7m et 9m. Combien doit-on vendre 5400 kilog. de ce bois, pour faire sur cette vente, un bénéfice de 12 p. % – Un centimètre cube de bois pèse 68 centigrammes. –

(Aspirantes. Brevet simple)

95. 1°. Qu'entend-on par cette question : Partager 450 en parties proportionnelles aux nombres 3, 5, 7 (Voir notre méthode pour la résolution des problèmes d'arithmétique)

96. 2°. Dans 10 litres d'eau à 4° on a dissous 835 grammes de salpêtre. – Combien de litres d'eau faudra-t-il ajouter à cette dissolution pour que 3 kilog. de la dissolution nouvelle ne contiennent que 45 grammes de salpêtre ?

(Aspirantes. Brevet simple)

97. 1°. Division d'une fraction par une fraction. Prendre pour exemple $\frac{5}{9} : \frac{3}{8}$

98. 2°. Un marchand achète 8 barriques de vin à raison de 204f la barrique. Il ajoute

[illegible] 15 litres d'eau, vend 1f 30 chaque litre du mélange ainsi préparé, et gagne sur le tout 400f. Combien chaque barrique contenait-elle de litres de vin ?

(Aspirants. Brevet simple)

99 1° Qu'entend-on par le problème de l'échéance commune ? Indiquer la solution de cette question sur un exemple simple ?

100 2° A un morceau d'or qui occupe 8 centimètres cubes, on veut allier de l'argent, de telle sorte qu'un centimètre cube de l'alliage pèse 12 gr. 5. Calculer le volume de cet argent, on sait qu'un centimètre cube d'argent pèse 10 gr. 4, et qu'un centimètre cube d'or pèse 19 gr. 3. On suppose que le volume de l'alliage est la somme des volumes des deux métaux alliés.

(Aspirants. _ Brevet complet.)

Année 1878. 101. 1° Comment réduit-on une fraction à sa plus simple expression ? Démontrer que, dans la méthode suivie, la fraction ne change pas de valeur. Prendre pour exemple $\frac{2090}{7315}$.

102. 2° Deux personnes ont le même revenu. La première économise chaque année $\frac{1}{5}$ de son revenu, tandis que la seconde dépense 800 francs de plus que l'autre. Il en résulte qu'au bout de trois ans, la seconde a 852f de dettes. Quel est leur revenu ?

(Aspirantes _ Brevet simple)

103. 1° Qu'appelle-t-on échéance *moyenne* de plusieurs paiements payables à différentes dates ?

2° Se servir de la règle de l'échéance moyenne pour résoudre la question suivante. Pour accorder aux particuliers un titre de rente de 50 fr. en 3 p. %, l'État leur demande 15 versements mensuels de chacun 80 francs, et dont le premier aura lieu le 18 Mars par exemple. On demande : 1° à quelle date pourrait se faire un paiement unique égal à la somme des 15 versements ? _ 2° Quelle somme devrait verser le 18 Mars un particulier désirant s'acquitter d'un seul coup (escompte à 5% par an) ? 3° Quel est le prix d'émission du 3 p. % le 18 Mars ?

(Aspirantes. _ Brevet complet)

104. 1° Qu'est-ce qu'un nombre premier ? _ Comment reconnaît-on si le nombre 851 est premier ?

105. 2° Un ouvrier, sa femme et son fils ont reçu 183f 96 pour 25 journées du père, 18 de la femme et 21 du fils. Le prix de la journée de la femme vaut les 0,75 de la journée de l'ouvrier et la journée du fils vaut les 0,80 de la journée de la mère. Quel est le prix de la journée pour chacun d'eux et combien reçoit-il en tout ?

(Aspirants. _ Brevet simple)

106 Expliquer ce que signifie l'expression : *amortir une dette*, et raisonner sur l'exemple suivant.

Une ville emprunte 1850 000f qu'elle doit rembourser en 12 paiements égaux et annuels dont le premier aura lieu un an après l'emprunt. En supposant l'intérêt à 4 1/2 p. % calculer la ... à payer chaque année. (Aspirants. - Brevet simple)

107. 1º Change-t-on la valeur d'une fraction en ajoutant ou en retranchant un même nombre à ses 2 termes ?

108. 2º Un marchand vend une pièce de toile en trois fois. Le premier coupon est les 1/... de la pièce ; le 2e est formé des 4/5 du reste, et le 3e coupon qui a une longueur de 8 mètres, est vendu 22 fr. ; il fait dans chacune de ces ventes un bénéfice de 10 %. On demande : 1º combien de mètres contenait la pièce ; 2º le prix de vente total ; 3º le prix d'achat ?

(Aspirantes. - Brevet simple)

109. 1º Qu'entend-on par cette question : Partager un nombre en parties inversement proportionnelles à trois nombres donnés 3, 5 et 7 ?

110. 2º Une première fontaine coulant seule remplirait un bassin en 3 heures et demie, une deuxième fontaine le remplirait en 3 heures 1/7, une 3e en 4 heures 1/3. — Quand elles auront rempli le bassin en coulant ensemble, quelle fraction de ce bassin, chacune d'elles aura-t-elle remplie ?

(Aspirantes. - Brevet simple)

111. 1º Comment trouve-t-on le quotient de la division de deux nombres entiers lorsque le diviseur ayant plusieurs chiffres le quotient n'en a qu'un ?

112. 2º Un industriel emploie deux ouvriers, dont le premier reçoit pour sa journée un salaire double de celui que reçoit l'autre. On donne au 1er pour 12 journées de travail 40f et 10 litres de riz ; on donne au second pour 9 journées de travail 16f.40 et 2 litres de riz. Quel est le prix d'un litre de riz ?

(Aspirants. - Brevet simple)

113. 1º Définir le titre d'un alliage. — Exposer sommairement les principales questions relatives aux règles d'alliage.

114. 2º Le doublon, monnaie d'or des îles Philippines est au titre de 0,875 et pèse 6 gr. 766, le double ducat, monnaie d'or des Pays-Bas, est au titre de 0,983 et pèse 6 gr. 988. Combien de doublons et de doubles ducats faudra-t-il fondre dans un creuset pour faire un alliage qui servira à fabriquer 1000 pièces d'or de 20 francs en monnaie française ?

(Aspirants. - Brevet complet)

Année 1879. 115. 1º Le dividende, le diviseur et le quotient étant des nombres entiers, on peut donner 3 définitions de la division. — Faire voir que ces définitions sont équivalentes.

116. 2º Les dépenses d'une famille se répartissent ainsi :

1º Logement et nourriture 1/3 du revenu annuel ;
2º Entretien, la moitié de la dépense précédente ;
3º Voyages, 1 fois 1/2 ce qui est dépensé pour l'entretien ;
4º Dépenses diverses, les 4/5 de ce qui est dépensé pour les voyages.

Le reste, placé à 4 1/2 p. %, par an, produirait une rente annuelle de 16f 20. Quel est le montant du revenu annuel ? — Répartir ce revenu aux articles 1, 2, 3, 4 et au reste.

(Aspirantes. - Brevet simple)

117. 1º Règle de société dans le cas où des mises différentes sont placées pour des temps

le partage ? – Justifier sa réponse par un exemple.

118. 2° Une personne doit 3 billets. Le premier de 520f payable dans 6 mois, le 2e, de 720f payable dans 8 mois, le 3e dont le montant est inconnu, payable dans 165 jours. Ces 3 billets peuvent être équitablement remplacés par un billet unique de 2100f, payable dans 7 mois. – Quel est le montant du 3e billet ? (Escompte en dehors à 6 % par an.)

(Aspirantes. – Brevet complet)

119. 1° Donner une idée générale du système métrique. Montrer que les diverses unités principales dérivent de l'unité fondamentale. – Loi suivant laquelle on forme les multiples et sous-multiples effectifs de chaque unité principale ; prendre pour exemple les monnaies ?

120. 2° On demande quel est le traitement annuel d'un instituteur, sachant qu'il subit pour la retraite une retenue égale au vingtième de ce traitement ; qu'il dépense par an les [illegible] de son traitement diminué de la retenue, plus encore 200 francs ; qu'enfin, au bout de 2 ans, il est arrivé à économiser les $\frac{227}{550}$ de son traitement annuel.

(Aspirants. – Brevet simple)

121. 1° Le montant d'un billet étant donné, ainsi que son échéance et le taux de l'escompte, on demande : 1° d'établir une relation entre ces quantités et l'escompte total (on prendra d'abord l'escompte en dehors, puis l'escompte en dedans) ; 2° De faire voir que la différence entre les deux escomptes est égale à l'intérêt de l'escompte en dedans ?

122. 2° Pendant combien de temps faut-il placer à intérêts simples une certaine somme pour qu'elle produise autant (capital et intérêts compris), que si elle était placée au même taux à intérêts composés, pendant 12 ans ? – On suppose le taux égal 4,50 p. % par an.

(Aspirants. – Brevet complet)

123. Expliquer la multiplication de 368625 par 47,28.

124. 2° Une personne achète 648 kilog. de marchandises à 3f,45 le kilog. elle en vend les $\frac{1}{3}$ en gagnant 15 %, les $\frac{2}{5}$ du reste en gagnant 18 p. %. Combien devra-t-elle vendre le kilog. de ce qui reste pour faire un bénéfice de 204 francs sur les 648 kilog.

(Aspirantes. – Brevet simple)

125. Expliquer ce qu'on entend par le calcul des intérêts d'après la méthode des nombres et du diviseur ?

126. Calculer, d'après cette méthode, l'intérêt que prélèverait un banquier sur les cinq effets suivants, escomptés aujourd'hui même au taux de 5 %.

4500f "	Paris	à échéance du	25 Août
1300f "	.. id	.... id	.... 30 Décembre
3450f "	.. id	.... id	.... 5 Septembre
6490f "	.. id	.... id	.... 15 Novembre
2645f 60	.. id	.... id	.... 10 Octobre

(Aspirantes. – Brevet complet)

127. 1° Démontrer que pour multiplier 3648 par le produit 8×4×3×25×125, cela revient, par le groupement des facteurs, à multiplier par le produit 1000×100×3.

128. 2° Trois personnes se sont associées pour placer dans une entreprise une somme d'argent qui s'est augmentée du quart de sa valeur et est devenue 60500 fr. On demande quelle sera la part de chaque personne dans le bénéfice, sachant que la 1re avait déposé les $\frac{3}{8}$ de la somme

la seconde les $\frac{2}{5}$, & la 3e le reste. (Aspirants. – Brevet simple)

129. 1° Dire ce qu'on entend par intérêts composés & établir par le raisonnement la formule générale :

$$A = a(1+r)^n$$

dans laquelle a représente le capital, r l'intérêt de 1^f pendant 1 an, n ce nombre d'années, et A le capital a, augmenté de ses intérêts composés.

130. 2° Un capital inconnu placé à intérêts composés à raison de 5% par an s'est élevé à 564921^{fr} en 3 ans & 4 mois. – Quelle est la valeur de ce capital ?

(Aspirants. – Brevet complet)

---

131. On a fondu 1600 francs de pièces de 2^f & de 1^f, de 0^f 50 & de 0^f 20 à l'ancien titre, le déchet que leur a fait subir la circulation est de 0,0004 de leur valeur. Avec le métal fin tiré de la fonte, on fabrique des pièces divisionnaires d'argent au nouveau titre. On demande quelle somme on pourra fabriquer de pièces nouvelles ? (Brevet de capacité)

132. Le bronze est un alliage formé de 89 parties de cuivre rouge & de 11 parties d'étain. On sait que le cuivre coûte 290 francs, & l'étain 265 fr. les 100 kilogrammes.

Calculer, d'après cela, les poids de ces deux métaux qui entrent dans un alliage de bronze, sachant que la dépense totale pour l'acquisition du cuivre & de l'étain s'est élevée à 942^f 20.

(Arts & Métiers)

133 Partager 40 en 3 parties, de manière que la 1e divisée par 2, la 2e divisée par 3 & la 3e divisée par 5 donnent le même quotient. (Brevet supérieur).

134 A Paris, à la gare de l'Ouest, on délivre 250 billets de toutes classes pour Mantes, Rouen & le Hâvre, dans la proportion, sur 10 billets, de 3 pour Mantes, 5 pour Rouen, 2 pour le Hâvre, & dans celle de 20 billets de 1e classe, 30 de seconde et de 50 de 3e classe pour chacune des destinations prises dans le même ordre. Dites le montant de la recette, sachant que les billets de première classe coûtent 7^f 15 pour Mantes, 16^f 75 pour Rouen, et 28^f 10 pour le Hâvre : que ceux de deuxième classe, dans le même ordre de destination coûtent 5 fr. 30, 12^f 50 & 21^f 05 ; qu'enfin les prix des billets de 3e classe sont de 3^f 90, 9^f 20 & 15^f 45. (Brevet de capacité)

135. On propose de partager 314000^f entre 4 personnes, de manière que la part de la 1e soit les $\frac{4}{5}$ de celle de la 2e, que celle de la deuxième soit les $\frac{7}{4}$ de celle de la 3e, que celle de la 3e soit les $\frac{3}{2}$ de la 4e. (Brevet de Capacité)

136 Trois personnes ont mis chacun une certaine somme dans une spéculation. La mise de la 2e est 0,75 de celle de la 1e ; celle de la 3e est 0,50 de celle de la 2e. Elles ont fait un bénéfice de 263 fr. 50, qui représente 20 p. % du capital engagé. Trouver ce qu'il revient de ce bénéfice à chacune & le capital engagé ?

(Brevet de Capacité)

137. Un lingot d'argent au titre de 0,993 pèse 6 kilog 24, un autre pèse 5 kilog 705, au titre de 0,874. On les fond tous les deux avec 1 kilog d'argent pur. Quel est le titre du nouvel alliage? (Brevet de capacité)

138. Quelle serait l'aire qu'on recouvrirait en développant les faces d'un cube dont l'arête serait la moitié de celle du mètre cube? (Brevet de capacité)

139. Un ouvrage serait fait en 2h. $\frac{6}{7}$ par une personne et en 1h. $\frac{6}{11}$ par une autre. On demande le temps que mettraient les deux personnes travaillant ensemble pour faire un ouvrage 13 fois plus difficile que celui-ci? (Douanes)

140. On mélange 6 pièces de vin de Bourgogne de 228 litres chacune et coûtant 80 fr. l'une, avec 750 litres de vin de l'Hérault à 0f 27 le litre, puis on soutire ce mélange dans 10 fûts de 230 litres qu'on achève de remplir avec de l'eau. A combien revient le prix du mélange et combien a-t-on ajouté de litres d'eau? (Douanes)

141. On demande de trouver en kilomètres carrés la surface des terres labourables que l'on doit chaque année ensemencer en blé pour suffire à l'alimentation de la population entière de la France, évaluée à 35 millions d'habitants, sachant qu'on sème en moyenne 8 doubles décalitres de blé par hectare et qu'on en récolte 11 pour 1 ; qu'un hectolitre de blé pèse 75 kilogrammes et produit à la mouture 84 p. % de farine ; que 120 kilog de farine fournissent 150 kilog de pain ; et que chaque groupe de 5 habitants consomme 12 kilog de pain par semaine. (Voirie)

142. Quelle serait la longueur d'un ruban de 2 centimètres de largeur et de 1 millimètre d'épaisseur, fabriqué avec l'or pur contenu dans une somme de 5 milliards en monnaie d'or. On sait qu'à volume égal l'or pur pèse 19 fois plus que l'eau, et qu'à poids égal la monnaie d'or vaut 15,50 fois plus que la monnaie d'argent. (Brevet de capacité)

143. On veut fabriquer des pièces de 5 francs avec un lingot d'argent pur dont le volume est 4 litres 225. On le fait fondre, pour cela, avec un poids convenable de cuivre. On demande le nombre de pièces fabriquées. On sait que les $\frac{5}{6}$ d'un décimètre cube d'argent pèsent 8 kilog. 75. (Brevet de capacité)

144. Un spéculateur achète une propriété de 256 hectares 8 ares, au prix de 447116 fr. Il ne la garde que deux ans et elle ne lui rapporte que $3\frac{2}{3}$ p. % par an ; tandis que s'il eût placé la somme qu'il a déboursée, il en eût retiré 5,15 p. %. A quel prix doit-il revendre l'hectare pour faire un bénéfice réel de 7 %, en tenant compte et du prix d'achat et de la perte des intérêts qu'il a éprouvée? (Brevet de capacité)

145. Les $\frac{2}{5}$ d'un champ sont plantés en froment ; les $\frac{3}{9}$ en vignes et le reste en pommes de terre. La deuxième partie surpasse la 3e de 8 ares 44 centiares ; on demande l'étendue totale du champ et l'étendue de chaque parcelle. (Brevet de capacité)

146. Un marchand achète à la campagne des œufs à 0f,65 la douzaine qu'il revend en ville 0f,90 la douzaine. Il a gagné 15 francs sur son marché. On demande combien il a vendu d'œufs, sachant que les frais de transport sont la moitié des droits d'entrée en ville, et ces droits $\frac{1}{15}$ du prix d'achat ? (Brevet de capacité)

147. Le quintal métrique de bois se vend au consommateur 6f,25, ce qui correspond à [illegible] le stère. Mais les bûches que l'on empile pour former un stère, laissent entre elles un espace vide. Calculer cet espace, la densité du bois étant 0,84.

(Brevet de capacité)

148. Un père laisse à ses 3 enfants, une succession de 960400 fr. son testament porte que la part de l'aîné sera à celle du cadet :: 8 : 5 et celle du cadet à celle du plus jeune :: 6 : 4. Déterminer la part de chacun ? (Brevet de capacité)

149. Un rentier fait acheter 600 francs de rente $4\frac{1}{2}$ au cours de 92f,70 puis 450 francs au cours de 94 francs et enfin 200 francs au cours de 95f,40. Quelle est la somme totale déboursée et à quel cours moyen aurait-il acheté cette rente pour avoir avec le total des capitaux la même somme totale du revenu ?

(Banque de France)

150. A 8030 grammes d'alliage d'or au titre de 0,724, combien faut-il ajouter d'un autre alliage d'or au titre de 0,936 pour que le kilog. de l'alliage soit au titre de 0,820 ?

(Banque de France)

151. 1° Trouver l'escompte en dedans d'un effet de 892f,75 pour 98 jours à 6 p. %.
2° Trouver l'escompte de cette même somme par l'escompte en dehors.

(Banque de France)

152. Une somme de 9372f,50 doit être répartie entre 3 personnes, de manière que la deuxième ait 950 fr. de plus que la 1re, et la 3e 525 fr. de moins que la 2e.

(Banque de France)

153. Un négociant a fait 4 billets le 15 Janvier. Le 1er de 2500f à l'échéance du 10 Mars ; le 2e de 1800f à l'échéance du 25 Juin ; le 3e de 1500f à l'échéance du 20 7bre ; le 4e de 3000f à l'échéance du 15 Xbre. Il veut payer ces 4 billets par un seul. Quelle serait l'échéance ? Quel serait l'escompte qu'il obtiendrait à 6 % s'il se libérait immédiatement ?

(Banque)

154. Un homme laisse, par son testament, une somme à distribuer de la manière suivante : $\frac{2}{5}$ à son fils, 1/4 à sa fille, les $\frac{2}{3}$ du reste à un neveu, et le reste à un hospice. Quelle est, à 1 centime près, la part de chaque héritier, si l'hospice, après le décès recueille 32500f ?

(Brevet de capacité)

155. 20 actions du chemin de fer du Nord, achetées 1050f l'une, donnent un revenu brut de 1200f par an. Les actions au porteur sont frappées d'un impôt de 7 p. %, les

[illegible] nominatives ne subissent qu'une retenue de 3 p. %. Quel est le revenu annuel si les [illegible] sont au porteur, si les actions sont nominatives ? A quel taux place-t-on son argent, si les actions sont nominatives ?
(Brevet de capacité)

156. 17 hectares 9 ares de vigne valent 15 hect. 33 ares de prairie, et 28 hectares de prairie valent 32 hectares 65 ares de bois. Quel est le prix d'un hectare de bois, sachant que l'hectare de vigne vaut 5300 francs.
(Brevet de capacité)

157. A quel taux place-t-on son argent lorsqu'on achète au cours de 462f. 50 une obligation de la ville de Paris rapportant un intérêt annuel de 20 francs, qui se trouve réduit à 18f. 50 par application de la loi sur les valeurs mobilières ? — Serait-il plus avantageux d'acheter des rentes 5 p% au cours de 101f. 50 ? Quel serait le bénéfice annuel pour une personne qui aurait un capital de 18000f à placer ?
(Brevet de capacité)

158. Combien dépensera-t-on pour soufrer 3 fois une vigne malade, sachant : 1° que le champ a 275 mètres sur 33 ; 2° qu'il faut 10 kilog. de soufre et 2 journées de travail par hectare ; 3° que le soufre coûte 40 fr. 50 le quintal métrique ; 4° que le prix de la journée de l'ouvrier est de 2f. 25 ?
(Brevet de capacité)

159. Le florin d'Autriche est une pièce d'argent qui pèse 12 gr. 345 et dont le titre est $\frac{900}{1000}$; le titre du demi-florin n'est que $\frac{520}{1000}$. Quel est le poids de cette dernière pièce ?
(Brevet de capacité)

160. Dans une prairie de 2 hectares 8 centiares, un cultivateur récolte 12 bottes ½ de foin par are. Il vend 45f. les 100 bottes et consent à n'être payé que dans 3 mois, en faisant une prime de 15f. du mille ; le cultivateur le porte chez un banquier et reçoit des billets en échange.

Dites combien la prime qu'il touche représente d'intérêt pour % de son argent.
(Brevet de capacité)

161. Une salle de classe a 7 m. 50 de long sur 6 m. 10 de large. On demande : 1° d'évaluer le nombre d'élèves qu'elle peut contenir, à raison de 1 mètre carré par élève ; 2° d'évaluer le volume d'air qu'elle contient en admettant la hauteur tolérée de 3 m. 30 ; 3° le volume d'air par élève ; 4° enfin, le volume d'oxygène, sachant que l'air normal en contient 21 p. % ; le volume d'acide carbonique sachant qu'il s'en trouve les cinq dix-millièmes du volume de l'air ?
(Brevet de capacité)

162. Deux familles brûlent chaque jour, en moyenne : l'une les $\frac{3}{4}$ d'une bougie, l'autre les $\frac{3}{15}$ de $\frac{1}{2}$ kilog. d'huile.

Quel est l'éclairage le plus économique et quelle est l'économie réalisée dans l'année, sachant : 1° que les 500 grammes de bougie coûtent 1f. 10 et que chaque paquet de 500 grammes contient 5 bougies, 2° que l'huile vaut 120f. le quintal ?
(Brevet de capacité)

163. On a acheté 2 coupons de toile de même longueur pour faire 3 douzaines de chemises à raison de 3 m. 25 par chemise. Avant de couper la toile, on la met dans l'eau, puis on la fait sécher. On constate alors que les 2 coupons n'ont plus que [illegible] 54 m. 90. On demande quelle est la perte subie p. %, et sur la longueur et sur la largeur, sachant que la toile a coûté 315f 90 ? (Brevet de capacité)

164. Sur un champ de 45 ares de luzerne, on a pu faire trois coupes, dont la 3e a donné 540 kilog. de fourrage sec. Sachant que la première coupe a été les $\frac{3}{5}$ de la deuxième et la 3e les $\frac{3}{8}$ de la deuxième, on demande 1° le produit de ces 3 coupes à raison de 6f 50 le quintal métrique ; 2° le même produit brut pour 1 étendue de 1 hectare.

(Brevet de capacité)

165. Une terre en labour rapporte, année moyenne 419f net. Une prairie de même étendue produit 13464 kilogr. de foin et un regain évalué au quart de la récolte du foin, les frais s'élèvent à 136f 45. À combien doit-on vendre les 100 kilogrammes de fourrage pour que le revenu de la prairie soit supérieur à celui de la terre de 8 p. % ?

(Brevet de capacité)

166. À volume égal, le poids de l'or s'obtient en multipliant le poids de l'eau par 19,26, le poids du cuivre en multipliant celui de l'eau par 8,85. On fait fondre 57 gr. 78 d'or avec le poids du cuivre nécessaire pour constituer un alliage monétaire, et, supposant que le volume de l'alliage résultant de cette fusion est égal à la somme des éléments fondus ensemble, on demande par quel nombre il faudra multiplier le poids d'un égal volume d'eau pour avoir le poids de l'alliage ?

(Brevet de capacité)

167. Un vase plein d'eau pure à 4° pèse 9 k. 68, plein d'un liquide dont le poids est les 0,91 de celui de l'eau, il pèse 9 k. 266. On demande 1° quelle est sa capacité ? 2° Quel sera son poids quand il sera vide ?

(Brevet de capacité)

168. On sait que les traitements des instituteurs subissent chaque mois une retenue égale au $\frac{1}{20}$ de leur valeur. On sait de plus qu'en cas d'augmentation, le premier douzième de l'accroissement de traitement reste en entier dans la caisse du receveur municipal. Le traitement d'un instituteur a été augmenté à partir du 1er Janvier 1875. Il a subi, fin janvier, une retenue totale de 28 fr. 75, tandis que le mois précédent, la retenue n'avait été que de 3f 75. On demande 1° quel était son traitement ancien ? 2° quel est son traitement nouveau ? 3° quelle retenue il subira fin février.

(Brevet de capacité)

... un vin 230 feuillettes de vin de Bourgogne, qui tous frais ... de vendre le fût, sont revenues à 1596f. Il met ce vin en bouteilles ... bouteilles ont une capacité de 0l 80 chacune. L'achat & la main-d'œuvre lui coûtent 371f 80. Il vend le vin à raison de 1f 40 la bouteille & gagne 342f 20. On demande la contenance de la feuillette? (Brevet de capacité)

170. Un marchand a acheté 3 pièces de drap de même qualité, d'une longueur chacune de 125 m 50. Après en avoir vendu les $\frac{3}{5}$ au prix de 13f 40 le mètre, il a échangé le reste contre du velours, sur le pied de 5 mètres de drap pour 3 mètres de velours qu'il a vendu 25 fr. 50 le mètre. On demande: 1° le nombre de mètres de velours qu'il a pris en échange, 2° quel a été le prix d'achat du drap sachant que cette opération commerciale lui a rapporté un bénéfice de 737f 94? (Brevet de capacité)

171. Un marchand a acheté 1922 kilog 8 d'huile de colza au prix de 62 francs l'hectolitre. Il paie comptant & on lui fait un escompte de 7 p. %. Il vend les $\frac{5}{6}$ de l'huile au prix de 73f les 100 kilog., et le reste, en bloc 189o francs. Calculer son bénéfice. Un litre d'huile pèse 913 grammes (Brevet de capacité)

172. Trois créanciers ont à se partager, à la suite d'une faillite, une somme de 8729 francs, qui, restés placés pendant 3 ans chez un banquier, ont rapporté 3,75 p% d'intérêts par an. Leurs créances sont 7528 fr. 44 pour le premier, les $\frac{7}{12}$ de cette somme pour le second, et les $\frac{3}{5}$ de la somme des deux premières créances pour le troisième. On demande ce que recevra chacun d'eux? (Brevet de capacité)

173. Quatre joueurs se sont associés; le 1er a gagné 35f, le $\frac{1}{9}$ du gain total, le 3e les $\frac{3}{8}$ de ce gain & le 4e les $\frac{5}{12}$ de ce même gain: Combien chaque joueur a-t-il gagné? (Brevet de capacité)

174. Trois héritiers se partagent une somme: le premier a $\frac{1}{3}$ de la totalité, le 2e les $\frac{2}{3}$ de ce qu'a eu le premier, et le 3e $\frac{1}{4}$ de ce qu'ont eu les deux premiers, le reste sert à payer les frais. Sachant que les parts réunies des trois héritiers s'élèvent à 7525 fr., on demande combien a eu chaque héritier? (Brevet de capacité)

175. Un père de famille meurt laissant $\frac{1}{4}$ de sa fortune à sa femme & les $\frac{3}{4}$ à ses ... enfants. Il est attribué au premier, dans le partage, la $\frac{1}{2}$ des $\frac{3}{4}$ sous la déduction de ...000 francs; ~~~~ au second $\frac{1}{3}$ des $\frac{3}{4}$ moins 2400 fr.; au dernier $\frac{1}{4}$ des $\frac{3}{4}$ moins 1800 francs. Quelle est la fortune du père de famille? Quelles sont les parts de chacun des héritiers? (Enregistrement)

176. L'hectolitre de blé pèse 75 kilog. & coûte 24f 75, l'hectolitre de seigle pèse 70 kilogr. & coûte ...f. On prélève pour la mouture, le blutage & les autres frais de fabrication, 25 p %. Le restant 1 kilog. de pain pour

1 kilog. de farine. Dans quelle proportion faut-il mélanger le froment [illegible] le kilog. de pain revient à 0f 38, & combien devra-t-on acheter d'hectol. de [illegible] pour pouvoir fabriquer, chaque jour, pendant 36 jours, 120 kilog. de pain.

(Enregistrement)

177 Un négociant a commencé une entreprise le 1er Mai 1876 avec 50.000f, un associé a versé 50.000f le 1er Mai suivant, & un autre associé 80.000f le 1er Mai 1877. Il a été convenu que, sur les bénéfices, il serait prélevé 25% pour être distribué entre les 3 associés, de manière que la part du 1er, dans ce 25%, soit égale aux $\frac{5}{6}$ de celle du 2e, & la part du 2e aux $\frac{7}{8}$ de celle du 3e. — La société, liquidée le 1er 7bre 1878, a produit un bénéfice de 12000f. On demande quelle est la somme totale revenant à chaque associé?

(Enregistrement)

178. Un receveur des domaines veut faire clôturer un terrain domanial provenant d'une portion de route abandonnée. Il confie le travail à un ouvrier & à un aide ouvrier qui mettent 5h. ½ pour faire 1 mètre cube de maçonnerie en moellons. Il est établi, lors du règlement, que ces ouvriers ont travaillé 10 heures par jour & ont exécuté 72 mètres cubes de maçonnerie.

On demande quel sera le prix de la journée de l'ouvrier & de celle de son aide, sachant que le $\frac{1}{4}$, + les $\frac{2}{3}$, plus les $\frac{4}{5}$, moins les $\frac{5}{6}$ de la somme qu'on doit leur payer égalent cette même somme diminuée de 39f 90, & que le prix de la journée de l'ouvrier est à celui de la journée de l'aide :: 7 : 5?

(Enregistrement)

179. Deux capitalistes se sont associés pour une entreprise & ont apporté, le 1er une somme de 250000f, le 2e 450000f. — Au bout de 2 ans, le 2e capitaliste retire de la société 315000f pour souscrire à l'emprunt français 5 p. %, et réalise, par cette opération, en un an & demi, une somme de 20000f. Le travail entrepris est achevé en 5 ans, & les bénéfices s'élevant à 74450f, doivent être partagés proportionnellement au montant & à la durée des apports de chacun.

On demande quelle est la part du bénéfice revenant à chaque associé & quelle est la somme que le 2e capitaliste a gagnée ou perdue en retirant 315000f de l'entreprise, sachant que s'il les eût laissés, les travaux auraient pu être achevés en 3 ans ½?

Enregistrement

180. Un commerçant meurt laissant pour lui succéder sa veuve & deux enfants, & pour fortune la part qui doit lui revenir dans une société formée entre lui & 4 autres commerçants.

La liquidation de la société constate que le 1er des associés doit recevoir un tiers de l'actif social moins 34600f, le 2e $\frac{1}{4}$ moins 1000f; le 3e $\frac{1}{5}$ moins 8720f; le 4e $\frac{1}{6}$ moins 1000f, enfin le défunt $\frac{1}{8}$ plus 9400f. — On demande quel est le montant des droits de succession que les héritiers auront à payer, sachant que la veuve recueille $\frac{1}{5}$ de l'hérédité, et que les droits doivent être calculés à raison de 3f 75 p. % en ce qui la concerne. — Quant aux enfants les droits sont de 1f 25 p. % & leurs parts égales, soit, pour chacun, $\frac{2}{5}$ de la succession?

(Enregistrement)

[illegible] se charge de faire un remblai en terre. S'il n'employait que les $\frac{2}{3}$ des [illegible] ouvriers qu'il a, le travail serait achevé en 42 jours. Si, au contraire, il avait [illegible] de plus que ceux qu'il emploie, l'entreprise serait achevée en 25 jours. Les [illegible] sont divisés en escouades de 60. La 1re escouade fait 2450 mètres cubes de remblai, [illegible] 3 mètres de plus que la 1re, la 3e, 6 mètres de plus que la 2e, et ainsi de suite. [illegible] travail fait par la 7e escouade, revient à la somme de 8079f 50. — On demande : [1° com]bien l'entrepreneur emploie d'ouvriers ; 2° combien le travail contiendra de mètres [cub]es de terre ; 3° quel sera le prix total de l'ouvrage ? (Enregistrement)

182. L'actif d'une société formée entre 3 commerçants comprend deux créances qui sont entre elles : 3 : 2, et qui placées, la 1re à 4 p. %, et la 2e à 3 p. % ont produit ensemble pendant 3 ans 4 mois, une somme de 6480 fr due au moment du partage. Le capital de ces créances avec les intérêts échus est réparti entre les associés dans la proportion suivante : la part du 1er représente les $\frac{2}{3}$ de celle du 2e, le 3e reçoit une somme égale à la $\frac{1}{2}$ de la part du 1er plus au $\frac{1}{4}$ de celle du 2e. Calculer ce qui revient à chacun ? (Enregistrement)

183. On emprunte une somme A à 5 p. %, à intérêts composés. Quelle annuité faudra-t-il payer, pour qu'après 5 années, la dette soit réduite à $\frac{A}{2}$? (Saint-Cyr)

184. Un bassin de 1320 litres de capacité peut recevoir de l'eau de deux robinets. Le 1er robinet débite 8 l. 90 en 40 secondes 5, le bassin étant vide, on ouvre le 1er robinet, 25 minutes après on ouvre le 2e. Après un certain temps on ferme le 1er robinet, pour emplir le bassin, il est alors nécessaire de laisser couler le 2e robinet pendant 13 secondes. — On demande : 1° Durant combien de temps chaque robinet a coulé ; 2° Durant combien de temps ils ont coulé ensemble. (École des Mineurs de St Étienne)

185. Un billet payable dans un an à 5 p. %, escompte en dehors, subit le même escompte en dedans à un taux différent. — Quel est ce taux ? — Quel doit être réciproquement le taux de l'escompte en dehors pour que cet escompte soit le même que l'escompte en dedans à 5 % que subit un billet payable dans un an ? (Baccalauréat-ès-Sciences)

186. Un document daté de 1759, après avoir porté la valeur totale d'une forêt à 333547 livres-tournois, 17 sols, 10 deniers, fait remarquer qu'il en résulte que la valeur moyenne de l'arpent est de 683 livres 4 sols, 1 denier $\frac{4}{10}$. Or, cette forêt contient actuellement 217 hectares 57 ares 69 centiares. On demande si la contenance a augmenté ou diminué depuis 1759, et de combien d'arpents ou d'hectares. On sait que l'arpent des eaux et forêts se divisait en 100 perches, dont chacune était un carré de 22 pieds de côté ! (École forestière)

187. 1° Exposer la théorie des fractions périodiques sur les exemples, $\frac{1}{111}$, $\frac{43}{111}$. — 2° — Démontrer que les fractions périodiques engendrées par des fractions irréductibles de même dénominateur ont le même nombre de chiffres à la période. (École Navale)

188. Deux nombres sont entre eux comme 30 et 48, leur p. g. c. d. est 21. Trouver ces 2 nombres. (École d'Arts et Métiers)

189. Une substance coûte 865^f la tonne, les préparations qu'on [illegible] coûtent 0^f 18 par kilogramme et occasionnent un déchet de 3,50 p. % [illegible] la revendre pour gagner 12 p. % – (École d'Arts [illegible])

190. On fond ensemble 3 lingots d'argent : le 1er au titre de 0,887 pèse 2 kilog. 8[illegible], le 2e au titre de 0,920 pèse 1 kilog 892 ; le 3e au titre de 0,842 pèse 3 kilog. 248. On demande quel sera le titre ou la proportion d'argent fin de l'alliage obtenu ? (École d'Arts et M[illegible])

191. Un oncle laisse en mourant 36000^f qui doivent être partagés entre ses 5 neveux ; il a stipulé dans son testament que la part de chacun d'eux doit être en raison inverse de son âge. On demande quelles sont les 5 parts, sachant que le 1er neveu est âgé de 30 ans, le 2e de 20 ans, le 3e de 18 ans, le 4e de 12 ans et le 5e de 10 ans ? (École d'Arts et Métiers)

192. Un marchand a reçu 3 caisses. La 1e pèse 27 kilog., la 2e 32 kilog. 40, la 3e 26 kilog. 42. Les deux premières sont arrivées en bon état, mais la 3e était avariée. Le prix des marchandises est de 84^f les 100 kilog. et en outre le marchand qui les a reçues a payé 25^f 35 de port. Combien ce marchand devra-t-il revendre la marchandise qui lui reste : 1° pour ne rien perdre ni gagner ; 2° pour réaliser un bénéfice de 30 p. % (École d'Arts et Métiers)

193. Sachant que l'eau de mer pèse 1027 gr. par litre et contient 2 % de son poids de sel, que le sel se vend 18^f 50 les 100 kilogr. Calculer : 1° le nombre de mètres cubes d'eau de mer qu'il faudra faire évaporer pour en retirer 664^f de sel. 2° ce qu'il faudrait ajouter d'eau douce au volume précédent pour amener l'eau à ne renfermer que 1/100 de sel ; 3° à quel volume sera réduite cette eau lorsqu'elle contiendra d'abord 9 p. %, puis 15 p. % de sel. (Diplôme de fin d'études)

194. Un propriétaire place les 3/4 de sa fortune dans une entreprise industrielle et le reste dans une autre. La 1e lui donne au bout d'un an un dividende de 20 p. %, mais la 2e fait faillite et ne donne à ses créanciers que 52 p. %.
Néanmoins le propriétaire gagne en réalité 1803^f ; alors il place ce qui lui reste de sa fortune, non compris les 1803 francs, à intérêts à 6 p. % par an. Que recevra-t-il au bout de 8 mois 12 jours ? (Diplôme de fin d'études)

195. On promet une gratification à un ouvrier s'il achève 156 mètres d'ouvrage en 18 jours. Au bout de 4 jours, il a fait 33 mètres ; il veut savoir si en continuant ainsi il parviendra à gagner une gratification. Sinon, que devra-t-il faire pour y parvenir ? (Télégraphie)

196. Un kilomètre de fil de fer de 4 m/m de diamètre pèse 100 kilogr. Combien pèse un fil de fer de même longueur mais ayant 6 m/m de diamètre ? (Télégraphie)

197. Un appareil transmet en moyenne 20 dépêches à l'heure. Chaque dépêche contient 20 mots ; les mots sont composés de 5 lettres. On demande combien cet appareil transmet de lettres par seconde ? (Télégraphie)

198. En admettant que chaque quotité de 3^f de rente déduite 1/8 de franc pour courtage, et en supposant que 852^f de rente 3 p. % ait coûté 1964^f,30, on demande

Quel était le cours de la rente ? (Postes)

199. Un négociant a cédé à 8f 75 p. % de perte des marchandises qui lui avaient coûté 7280f. À quel prix les a-t-il cédées ? Quelle a été sa perte ? (Postes)

200. Un particulier a une exploitation de 14 hectares 7, dont le 1/3 est ensemencé en blé. Il a récolté par hectare 2 mètres cubes 58 de blé pesant 73 kilog. l'hectolitre, et rendant en farine les $\frac{8}{10}$ de son poids. — En admettant qu'on ajoute à la farine pour le pétrissage 55 l. pour cent de son poids, et que la pâte perd 1/6 de son poids par la cuisson, on demande combien on peut faire de pains de 3 kilog. avec le produit de la récolte ci-dessus ? (Voirie)

201. Une première montagne a les $\frac{2}{3}$ de la hauteur d'une seconde montagne ; celle-ci est double en hauteur d'une 3e, qui elle-même est le 1/10 moins élevée qu'une 4e ; enfin cette dernière a 3600 mètres de hauteur. On demande quelle est la hauteur de la première montagne. (Voirie)

202. Une route est partagée en 3 sections : sur la 1re section on suppose qu'on doit mettre 2 fois plus de matériaux que sur la 2e, et le prix du mètre cube est de 5f. Sur la 2e, le prix du mètre cube est de 8f. Sur la 3e section, le prix du mètre cube est de 10f ; mais on y met seulement les $\frac{2}{3}$ de matériaux que sur la 2e. La somme allouée pour l'entretien de cette route est 120000. On demande le cube des matériaux pour chaque section et le prix. (Voirie)

203. À combien s'élève avec ses intérêts composés une somme de 1200 francs placée à 5 p. % pendant 3 ans 4 mois ?

Solution

Je cherche ce que devient 1 franc au bout de 3 ans 4 mois :

1 franc devient au bout de la 1re année

$$1+\frac{5}{100} = 1,+0,05 = 1^f,05 ;$$

au bout de la deuxième année :

$$1,05+\frac{5\times 1,05}{100} = 1,05+0,05\times 1,05 = 1,05(1+0,05) = (1,05\times 1,05) = 1,05^2$$

au bout de la troisième année

$$1,05^2 + \frac{5\times 1,05^2}{100} = 1,05^2 + 0,05\times 1,05^2 = 1,05^2(1+0,05) = 1,05\times 1,05^2 = 1,05^3.$$

au bout de 3 ans 4 mois

$$1,05^3 + \frac{5\times 1,05^3 \times 4}{1200} = 1,157 + 0,019 = 1^f\,166$$

Au bout de 3 ans 4 mois, la somme proposée s'est élevée avec ses intérêts composés à

$$1,166\times 1200 = 1399^f,20$$

Réponse : 1399 francs 20 centimes.

Eug. Royer

47

E. G.

tés 728o

, H

t en

ge 55 é

ubien

elle-ci

is cette

montagn

plus

du

et

de cette

x..

ée à

G.

www.ingramcontent.com/pod-product-compliance
Lightning Source LLC
Chambersburg PA
CBHW071821090426
42737CB00012B/2156

* 9 7 8 2 0 1 4 5 0 3 8 6 9 *